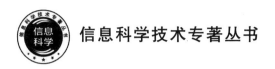

信息科学技术专著丛书

煤矿技术创新能力评价与智慧矿山 3D 系统关键技术

赵学军　武　岳　编著

U0304092

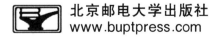

北京邮电大学出版社
www.buptpress.com

内 容 简 介

本书主要介绍技术创新、智慧矿山三维系统的基本概念,分析了我国煤炭矿山技术创新现状、存在的问题及影响因素,研究了煤炭矿山技术创新能力评价指标及评价算法,并进行了实验验证。同时根据矿山的三维本源性特征,探讨了智慧矿山三维系统的研究。

本书主要内容包括两大部分。第 1 部分(第 1~8 章)是煤炭矿山技术创新能力的影响因素分析以及技术创新能力评价指标分析及多种评价算法研究,如影响煤炭矿山技术创新能力因素分析,基于遗传神经网络的技术创新能力评价,基于 DEA 的技术创新相对能力评价,基于 AHP 的煤矿技术创新能力评价以及基于粒子群优化神经网络的煤矿技术创新评价。第 2 部分(第 9~14 章)论述了智慧矿山的概念、关键技术以及研究智慧矿山三维系统的必要性,设计了三维系统架构及功能,创新性的研究并提出了三维系统高性能技术和实时数据库技术及 PineCone 实时数据库,最终构建了三维平台。

本书可作为能源研究、矿山系统平台设计及信息管理等学科的科技工作者和高等院校师生的参考用书。

图书在版编目 (CIP) 数据

煤矿技术创新能力评价与智慧矿山 3D 系统关键技术 / 赵学军,武岳编著. -- 北京 : 北京邮电大学出版社,2022.6

ISBN 978-7-5635-6587-0

Ⅰ. ①煤⋯　Ⅱ. ①赵⋯ ②武⋯　Ⅲ. ①煤矿开采②智能技术-应用-矿山-矿业工程　Ⅳ. ①TD82 ②TD67

中国版本图书馆 CIP 数据核字(2021)第 276837 号

策划编辑:彭　楠　　责任编辑:满志文　　封面设计:七星博纳

出版发行:北京邮电大学出版社
社　　　址:北京市海淀区西土城路 10 号
邮政编码:100876
发 行 部:电话:010-62282185　传真:010-62283578
E-mail:publish@bupt.edu.cn
经　　　销:各地新华书店
印　　　刷:唐山玺诚印务有限公司
开　　　本:787 mm×1 092 mm　1/16
印　　　张:11.75
字　　　数:288 千字
版　　　次:2022 年 6 月第 1 版
印　　　次:2022 年 6 月第 1 次印刷

ISBN 978-7-5635-6587-0　　　　　　　　　　　　　　　　定　价:58.00 元

前　言

　　在 2021 年全国两会及国家"十四五"规划中,技术创新、碳中和及碳达峰是热门话题和关键字眼,同时也为各行各业提出了新的要求。面对激烈的市场竞争,要求煤炭企业必须加强技术创新,以提高企业的竞争力,从而保证企业健康稳定的发展。煤炭行业的技术创新、碳中和及碳达峰归根结底就是要建设绿色矿山,实现矿山的智慧化。根据 2010 年国土资源部发布的《国家级绿色矿山基本条件》文件,绿色矿山基本条件之一也是矿山技术创新水平,建设绿色矿山必须增强企业实力,开展矿山智能化、无人化研究。煤矿是我国的主要能源,因此研究我国煤炭矿山的技术创新水平、智慧矿山三维指挥平台对于绿色矿山的创建具有重要意义,同时也是达到碳中和及碳达峰目标的前提。

　　本书撰写历时 7 年,以 1 个原国土资源部(现自然资源部)项目及 1 个省部级一等奖项目作为依托。书中所涉及的研究内容也主要来源于这两项课题的研究,即"煤炭矿山绿色标准研究"及"煤炭矿山三维指挥系统关键技术研究"。

　　在多年的研究过程中,老师和研究生一起深入调研,获取并阅读了大量国内外文献和资料,请教了计算机、采矿、安全、地质界的前辈及知名专家,从理论到实验和实践都进行了深入分析。在此基础上,提出改进创新的算法,并进行了实验验证,最终得到正确的实验结果,获取了确凿有力的实验数据来支撑改进后的新算法,找到适用于煤矿技术创新能力评价的优秀算法,为评测煤矿技术创新能力大小提供了切实可行的方法模型,在科研上开展了创新性研究。同时深入研究了智慧矿山三维指挥调度系统,并取得了一定成绩,获得了 2015 年国家安全生产监督检查局的技术创新成果一等奖。两项课题的研究工作对于煤矿智能化发展具有一定的借鉴作用,同时有益于研究生科研能力及团队精神的培养,为学生将来步入社会独立从事科研工作能力及素质的提高奠定基础。所以,这本书是对师生多年工作历程与科研成果一个很好的记录和总结。

　　本书由赵学军、武岳编著。书中汇集了几年来不少学生的贡献,包括历届学生的研究开发工作。值得指出的是,学生常潇逸、康耀尹及管理学院的郭佳等多人为本书的编写提供了多份材料并提出了许多良好的建议。

　　本书在撰写过程中得到中国矿业大学(北京)、中国地质大学(北京)及北京邮电大学校领导及老师们的大力支持与帮助。在此表示由衷的感谢!

　　由于作者水平有限,加之时间较紧,书中的不妥之处在所难免,恳请读者批评指正。

作　者
2021 年 5 月于北京邮电大学

目 录

第1部分 煤矿技术创新及能力评价研究

第2部分 智慧矿山三维系统研究

第1部分　煤矿技术创新及能力评价研究

第1章　技术创新

1.1　技术创新内涵

在 1939 年出版的《经济周期》一书中,美国经济学家约瑟夫·熊彼特提出了全面的创新理论。他认为,"技术创新"作为一个经济范畴不同于以往的技术范畴,"技术创新"是一个经济类别,而不是一个技术类别,这一类别强调技术创新不止简单地进行技术研发,而且需要将研发的技术应用到企业商业活动中,从而创造生产价值。关于技术创新定义的另一个代表性观点是,技术创新是指科学发明或研究成果首先被开发出来,最终通过销售产生利润的过程。Library of Congress(美国国会图书馆)研究部门提出,技术创新是构思形成—成果转化—生产制造—商业应用等一系列的过程。根据 OECD(经济合作与发展组织)的说法,技术创新是指在工业或商业活动中交换市场上销售良好或改进过的产品。

国内也有许多研究者对创新的内涵进行了全面的研究。在管理领域,清华大学的傅家骥教授认为,技术创新意味着领导者发现了隐藏的机会,为了实现企业价值最大化,调整生产条件和生产要素,获得商业利益,建立高效、低成本的生产经营体系,从而推出新产品、新生产(工艺)方法和新市场,收购新的原材料、半成品或者建立新的企业组织,集科学技术、组织结构、商业活动和金融于一体的综合性过程。西安交通大学的李垣教授认为,技术创新是在技术发明和发现的帮助下,通过生产要素和条件的重组,实现创新者的潜在经济效益。西安交通大学的汪应洛教授认为,技术创新是建立新的生产体系,重新组合生产要素和条件,以此获得重组后事物带来的潜在经济效益。浙江大学的许庆瑞教授认为,技术创新一般是指形成新思想、利用新思想、生产满足市场用户需求的产品的全过程。

立足于产业自身,认为技术创新是开辟新的市场,将科学发明或研究成果应用于特定产品的整个过程,然后从商业化到市场化应用,以产生利润。其中包括通过用户、市场的反馈对现有产品进行改造研发,赋予资源以创造财富的新能力。

1.2　技术创新能力

拉里·埃里森在研究中写道,技术创新能力是创新能力、组织能力、适应性能力、技术和信息获取能力的结合,是指在特定的环境中,根据理想化的需要,或者为了满足社会需要,利用现有的知识和物质,以不同于一般人或者普通人的现有思维方式和思想为指导,改进或者创造新技术的能力。美国作家巴顿认为,技术创新能力包括技术人员和高级技术人员的技能、管理能力、技术体系能力和价值观。

国内最早提出技术创新能力的概念是在有关宏观科技政策的研究中,这是国内第一次对技术创新能力有了一定的认识。20 世纪 80 年代末,一些研究人员将这一概念引入到微型企业。来自浙江大学的许庆瑞教授认为,影响企业技术创新能力最重要的两个方面是产品创新和工艺创新,并从这两个方面展开探讨了这个概念。在这两个方面的基础上,清华大学的傅家骥教授收集了各种文献进行理论研究后,认为可以将技术创新能力划分为研发能力、创新成果转化能力、投入能力、生产能力、环境管理能力等五个方面,进一步阐释了影响技术创新能力的因素。

1.3　研究背景

随着科学技术的进步和社会经济的发展,"绿色矿业"正逐渐成为矿产资源开发的发展方向和必然途径。依据科学发展观的指导思想,绿色矿业就是科学的可持续发展矿业,即从矿产普查、矿山规划、建设、开采、选矿、冶金、深加工,一直到矿山闭坑、复垦和生态环境重建的全过程,始终坚持以科学发展观为指导,采用先进的科技手段,实施严格的科学管理,以清洁生产、节能减排、资源综合利用、循环经济等生产模式,实现资源充分合理利用、保护环境、安全生产、社区和谐和矿业经济的可持续发展。

矿山是我国矿业的重要细胞,是矿业最重要的组成部分。据有关数据统计,目前,我国共有各类矿山企业 12 万多个,建设了 300 多座矿业城镇,矿业职工总人数约 2 100 多万,涉及开发已探明储量的矿产 158 种,其中包括能源矿产 10 种、金属矿产 54 种、非金属矿产 91 种、水气矿产 3 种。我国 90% 以上的一次能源、80% 以上的工业原材料、70% 以上的农业生产资料、30% 左右的生活用水,都来自矿产资源。目前,按全国平均水平来讲,工业总产值的 30% 和工业增加值的 33% 来自矿业。可见矿产资源开发在社会经济发展中的重要作用,及其所做出的重大贡献。因此,发展绿色矿业,最重要的是要建设好绿色矿山,它应当成为我国矿山企业未来发展的理念和方向。以绿色矿山的建设发展,推进和加快我国绿色矿业建设的发展步伐。

2010 年 8 月,国土资源部下发《关于贯彻落实全国矿产资源规划发展绿色矿业建设绿色矿山工作的指导意见》(国土资发〔2010〕119 号),要求发展绿色矿业、建设绿色矿山,坚持规划统筹、政策配套,试点先行、整体推进,开展国家级绿色矿山建设试点示范,促进矿业发展方式的转变。该指导意见指出,推进绿色矿山建设要以"坚持政府引导,落实企业责任,加强行业自律,搞好政策配套"为基本原则。力争 1～3 年完成一批示范试点矿山建设工作,建立完善的绿色矿山标准体系和管理制度,研究形成配套绿色矿山建设的激励政策。2011 年 3 月 19 日,国土资源部发布《关于首批国家级绿色矿山试点单位名单公告》(2011 年第 14 号)公示了首批国家级绿色矿山 37 家试点单位名单,分别来自煤炭、冶金、有色金属、黄金、化工、建材及盐业等多个行业,其中煤矿企业 11 个。2012 年 3 月 23 日,国土资源部又公布了第二批国家级绿色矿山 183 家试点单位,其中煤矿企业 57

家,这表明经过中国矿业联合会和各级国土资源管理部门的指导和监督,绿色矿山建设得到了很好的推广并初见成效。

我国是煤炭生产和消费大国。虽然随着能源结构调整和煤炭供给侧结构性改革的实施,煤炭消费比例逐步降低,但是以煤为主的能源结构没有根本改变,煤炭资源开发在当前和今后相当长时期内仍将维持在一定强度。

2017年国土资源部网站公开了六部委《关于加快建设绿色矿山的实施意见》(国土资规〔2017〕4号)文件(以下简称《实施意见》)。《实施意见》提出,通过政府引导、企业主体,标准领跑、政策扶持,创新机制、强化监管,落实责任、激发活力,将绿色发展理念贯穿于矿产资源规划、勘查、开发利用与保护全过程,引领和带动传统矿业转型升级,提升矿业发展质量和效益。《实施意见》确定的总体目标是,力争到2020年,形成符合生态文明建设要求的矿业发展新模式。基本形成绿色矿山建设新格局。大中型矿山基本达到绿色矿山标准,小型矿山企业按照绿色矿山的条件严格规范管理。资源集约、节约利用水平显著提高,矿山环境得到有效保护,矿区土地复垦水平全面提升,矿山企业与地方和谐发展。绿色矿山,绝不是简单的矿山复垦和绿化。绿色矿山建设是一项复杂的系统工程,有着全面深刻内涵和实质内容。绿色矿山是在新形势下对矿产资源科学合理开发管理和矿业发展道路的全新思维。绿色矿山是以保护生态环境、降低资源消耗、实施循环经济与可持续发展为目标,着力于按科学、低耗和高效合理开发利用矿产资源,并尽量节约和保护资源,减少资源和能源消耗,降低生产成本,实现资源效能最佳化、经济效益最大化和环境保护最优化。为此,矿山企业必须坚持以人为本、可持续发展的科学发展观,加强行业自律和科学管理,按照建设资源节约型、环境友好型社会,建设和谐社会的总体要求,努力全面地实施绿色矿山建设,促进我国绿色矿业的发展。根据我国的国情和矿情,走绿色矿业发展之路势在必行,而建设绿色矿山则尤其重要。

自2012年以来,我国的原煤年产量始终保持在34.1亿~39.7亿吨。在2021年的全国两会上,"碳达峰""碳中和"成为热词。为实现"双碳"目标,煤炭行业的减排尤为重要。中国是煤炭生产和消费大国,能源体系以化石能源,尤其以高碳的煤炭为支撑。2020年,煤炭在中国一次能源消费的占比为56.8%,这决定了煤炭行业在实现"双碳"目标中承担更重责任。

全国人大代表、中国工程院院士袁亮在全国两会上提出,随着能源结构调整和煤炭供给侧结构性改革,国内煤炭消费比例逐步降低,但以煤为主的能源结构没有发生根本改变,煤炭资源开发在当前和今后相当长时期内仍将维持一定强度。中国煤炭业减排潜力巨大,在"十四五"期间煤矿数量将进一步压缩,有助于煤炭业碳排放尽早达峰。自2012年以来,中国煤电装机占总装机的比重逐年递减,从2012年的65.7%下降至2019年的52%。中国能源供应体系,也正由以煤炭为主向多元化转变,可再生能源逐步成为新增电源装机主体。2020年,中国煤电装机占比历史性降至50%以下。还需要把煤炭绿色智能开发、煤炭清洁高效燃烧及污染防控、现代煤化工及高效利用、废弃矿井安全开发利用、碳捕集利用与封存等作为重要方向和战略领域,推进基础研究、关键技术及核心装备的研发。应全产业链推进,构建"开采源头治理+供储过程管控+需求侧清洁利用+终端生态增值"的煤炭产业低碳转型发展格局。

　　据新华社报道,中国农工民主党中央委员会(下称农工党中央)在全国两会拟提交提案中表示,要如期实现"双碳"目标,加快中国能源结构调整迫在眉睫,建议加强源头控制,严格控制煤炭消费总量。农工党中央建议,要制定"十四五"及中长期煤炭消费总量控制目标和减煤路线图,持续快速降低煤炭消费占比。大幅降低散烧煤的使用,最终实现全部替代,严格控制煤电产业的发展规模。此外,在"十四五"期间需严控煤电、石化、钢铁、水泥等高碳项目,除国家重大战略部署外,全面实施高碳项目产能总量控制和新建项目产能置换的要求。农工党中央还提议,应大力实施终端能源电气化,加快民用散煤、燃煤锅炉和工业炉窑等用煤替代,尽快降低煤炭消费占比。

　　界面新闻从国家能源集团获悉,全国人大代表、国家能源集团朔黄铁路公司副总工程师黄立军在全国两会上提出,煤电依然是中国当前阶段电力供应的主体,未来一段时期,仍将发挥保障电网安全和稳定供应的重要作用。黄立军表示,在电力供应中,发挥托底保供作用的煤电机组经营面临困难。近年来,受电力市场总体过剩、新能源竞争冲击、低电价等多种因素叠加影响,煤电机组利用小时数逐步下降,煤电企业总体亏损面较高。他建议,推进化石能源清洁化,持续开展燃煤发电超低排放与节能技术改造,明确煤电机组作为电网稳定支撑的功能定位,尽快出台容量补偿、辅助服务等补偿机制,保障煤电机组生存能力。此外,黄立军表示,应优先支持在内蒙古、陕西等煤炭富集区域,建设以煤电联营为基础的"风光火储一体化"大型综合能源基地。

　　在全国两会期间,多个省市已将"碳达峰""碳中和"目标作为"十四五"期间的重要工作,煤炭等传统能源产业成为主要受限对象。煤炭大省山西省提出,2021年将推动煤矿绿色智能开采,以5G通信、先进控制技术为指引,推进智能煤矿建设,推进煤炭分质分级梯级利用试点。浙江省提出,非化石能源占一次能源比重提高到20.8%,煤电装机占比下降两个百分点,加快淘汰落后和过剩产能,腾出用能空间180万吨标煤。天津市政府工作报告显示,将推动钢铁等重点行业率先达峰和煤炭消费尽早达峰。河南省在政府工作报告中明确表示,推动以煤炭为主的能源体系加快转型,煤炭占能源消费总量比重降低五个百分点左右。吉林省强调,加快煤改气、煤改电、煤改生物质,促进生产生活方式绿色转型。山西省政府工作报告提出,推动煤矿绿色智能开采,推动煤炭分质分级梯级利用,抓好煤炭消费减量等量替代。实施重点技改示范项目150个,新化解煤炭过剩产能486万吨。目前,四川省正在编制碳达峰行动方案和应对气候变化规划。全国人大代表、四川省生态环境厅厅长王波表示,在"十四五"期间,四川省将限制化石能源密集型产业过度扩张,将煤炭、火电占比降到10%,推动煤炭、钢铁、水泥行业"十四五"期间率先达峰。全国政协委员、南京工业大学校长乔旭在全国两会提案中建议,江苏省适当调整煤炭消费量控制基数,以"十三五"期间国家下达的煤炭消费总量控制目标值2.58亿吨,作为江苏省"十四五"期间煤炭消费基数。

　　兴业证券分析称,对于煤炭等传统能源而言,未来工作重点将从去产能转向存量优化,包括煤矿智能化程度、机械化程度、原煤入选率、工程技术人员比重等水平的全面提升。中信证券研报显示,实现"碳中和"的关键,在于使占85%碳排放的化石能源实现向清洁能源的转变。

习近平主席2020年在第七十五届联合国大会一般性辩论上郑重宣告,中国二氧化碳排放力争于2030年前达到峰值,努力争取2060年前实现碳中和,显示了我国作为负责任大国推进全球气候治理、推动构建人类命运共同体的坚定决心。在全国两会期间,农工党中央在提交全国政协十三届四次会议提案中指出,当前,我国二氧化碳排放量每年超过100亿吨,约占全球总排放量的1/3,是世界第一排放大国。近些年,我国一直在大力推动能源结构调整,但以煤炭为主的能源结构仍然是造成我国大量二氧化碳排放的主要原因。

国家统计局日前发布的数据显示,2020年能源消费总量49.8亿吨标准煤,比上年增长2.2%。其中,煤炭消费量占能源消费总量的56.8%,虽比上年下降0.9个百分点,但以煤炭为主的能源结构尚未根本转变。因此,减少煤炭消费、推进煤炭清洁高效利用,对于实现碳达峰、碳中和的目标显得尤为重要,我国能源结构调整迫在眉睫。

农工党中央认为,"十四五"时期是实现我国碳排放达峰的关键期,也是推动经济高质量发展和生态环境质量持续改善的攻坚期,需要加快制定并落实国家的碳达峰行动方案,实现碳达峰与经济高质量发展、构建新发展格局、深入打好污染防治攻坚战的高度协调统一。为此,农工党中央建议,加强源头控制,严格控制煤炭消费总量。制定"十四五"时期及中长期煤炭消费总量控制目标和减煤路线图,持续快速降低煤炭消费占比。结合地方发展特点,统筹推进能源结构调整,促进低碳生产、低碳建筑、低碳生活,打造零碳排放示范工程,开展碳达峰和空气质量达标协同管理,以低碳环保引领推动高质量发展。深入推进煤炭清洁高效利用,推动煤炭上下游产业协同发展,加快推动煤炭行业绿色矿山建设,促进煤炭工业高质量发展。加快推进产业结构调整,科学统筹各行业各领域的煤炭生产与消费,节能提效优先,大幅降低散烧煤的使用,最终实现全部替代,严格控制煤电产业发展规模。

进行全面调控,打造清洁低碳能源体系。在"十四五"末将非化石能源在一次能源消费中的比例提高至20%及以上,2030年力争达到30%。明确重点行业达峰目标,推动重点行业绿色发展。大力推广以电代油、以氢代油,配套储电、充电桩等一体化信息配电系统,建成脱碳的交通能源体系;推动供暖、制冷、照明、烹饪和家用电器等实现电气化、数字化和智能化,建设绿色智慧建筑体系。推进产业链和供应链的低碳化,研究制定高碳产业名录,建设产品碳标签与碳足迹标准体系。在"十四五"期间,严控煤电、石化、钢铁、水泥等高碳项目,除国家重大战略部署外,全面实施高碳项目产能总量控制和新建项目产能置换要求。推动煤电高效、清洁化利用,构建以非化石能源为主的新能源电力系统。

加大技术创新,夯实碳达峰与碳中和的基础。加快发展人造石油、人造天然气新工艺,将我国储量极大的中低阶煤资源加以清洁高效利用。发展智慧电网、分布式发电、智慧储能等技术,加快跨省、跨区电力通道建设,发挥大电网综合平衡能力,提升电网服务水平。加快二氧化碳捕集、利用和封存技术的研究与应用,加强人工光合成、碳转化为甲烷的技术研究,显著提高中西部地区风电、太阳能等可再生能源消纳能力。

因此,本书通过对大型煤炭矿山的调研,分析我国煤炭矿山技术创新存在的主要问题及其成因,识别出影响煤炭矿山技术创新的关键因素并分析其作用机理,在影响因素分析的基础上,建立影响煤炭矿山技术创新的分析模型,并提出煤炭矿山技术创新能力量化评价指标体系及指标量化方法,丰富煤炭矿山技术创新能力研究理论,为煤炭矿山技术创新能力评价提供参考,辅助矿山企业在技术创新方面的决策起到积极作用。

1.4　研究意义

目前,我国是世界上仅次于美国的第二大能源生产和消费国。随着我国社会的快速发展和经济的高速增长,我国的能源生产和消费也在飞速增长,而且我国能源消费的飞速增长主要表现在过去5年中。我国已在2020年全面建成小康社会,实现了国内生产总值比2000年翻两番,能源需求的高速增长不可避免。但与美国不同,我国的油气资源比较贫乏,煤是主要的能源资源,占可供开发化石能源资源总储量的92.6%。虽然我国已经开始采取了一些行之有效的措施,减少未来一次能源生产和消费中对于煤炭的依赖,然而在未来很长一段时期内,我国煤炭消费的总量仍然会持续增长,并且专家预测在21世纪的前50年中,我国仍将很难改变煤炭在我国一次能源消费中的基础地位。在当前和未来很长一段时期内,我国将面临:巨大并且持续高速增长的能源需求、不断增加的对国外油气资源的依赖、高能源度和环境污染等诸多能源危机。应对这些危机只有也只能依靠先进的能源技术。煤炭作为我国能源的主体,是我国能源安全的基石。促进煤炭产业的健康发展,以保障长期稳定的煤炭供应是应对能源危机从而实现国民经济持续、健康、快速发展的重要前提条件。因此,应对我国所面临的多重能源危机必然要依靠先进的煤炭技术,需要煤炭产业尽快建立适应跨越式发展要求的技术创新保障体系,探索出一条具有煤炭产业特点的技术创新之路。

在现代化进程中,煤炭产业作为工业动力的基础和工业经济的基础,对国民经济的发展起到了积极的推动作用。在能源供应中,煤炭生产总量占能源生产总量的比例基本保持在70%左右。但是,从技术构成分析,长期以来煤炭工业走的是一条以粗放外延式增长为特征的传统发展道路,是以高投入、高消耗、高污染、低产出为代价的速度型发展路子。应用索洛模型分析得出,煤炭工业的发展过程目前处于规模递增阶段,远没有达到规模经济。它的发展速度主要来源于劳动力和资本的大规模投入,技术进步的因素小于生产环境的劣化速度。目前,整个国有重点煤矿企业采煤装备部分达到国外先进采煤国20世纪70年代末期的水平,大多煤矿企业还停留在国外50～60年代的水平上,科技对经济效益的贡献率仅为23%,低于全国工业企业的平均水平,研发投资不足以及与科研机构和高校合作不够紧密等问题对企业的发展已构成了巨大障碍,严重地阻碍了我国煤炭企业的高速增长。面对激烈的市场竞争,煤炭企业必须加强技术创新,以提高企业的竞争力,从而保证企业健康稳定的发展。根据国土资源部发布的《国家级绿色矿山基本条件》,绿色矿山基本条件之一为矿山技术创新水平,而煤矿又是我国的主要能源,因此研究我国煤炭矿山的技术创新水平对于绿色矿山的创建具有重要意义。

1.5　国内外研究现状

自从人类文字发明以来,在文明进化过程中就存在着对知识的管理。目前我们所研究的知识管理是国家采取的有意识的战略,它能够保证在最需要的时间内将最需要的知识在短时间内传送给最需要的人,这样可以让人们共享知识,进而通过不同的方式使之付诸实践,最终实现提高组织业绩的目的。

随着知识经济这一概念的出现,在企业管理的过程中,从有形资源管理和生产能力管理过渡到人才技能和知识运用管理,这些变化导致了知识管理这一新管理理论的产生、发展和成熟。

在知识经济这一环境下,人们逐步认识到知识管理的重要性,谁能善用知识和创新知识,谁就能制胜,就能获得比较大的利益。因此,知识管理将会成为未来竞争的关键,那么,如何开发、共享、使用和评估知识,以便为顾客、雇员和股东创造更多、更大的价值,将成为创造财富的推动力。

工业经济的时代具有产品导向的管理特征,管理的对象是劳动、资本和自然物质资源合理而高效的配置与运用,来适应以生产为中心的大规模的流水线管理模式。工业经济时代的盈利模式主要以降低成本、扩大规模为手段,管理的主要策略是生产能力管理和质量管理,在这个时期当中,CIMS 和生产计划控制为核心的 ERP,与及时交货、零库存为核心的精益生产 JIT 和以质量管理控制为核心的 ISO 标准、6Sigma(六西格玛)方法等都得到了比较大的发展。

然而在知识经济的时代,已经实现生产产品为中心发展成以客户为中心,大规模流水生产线发展为大规模个性化定制生产。由于知识已经代替了劳动、资本和自然资源,已成为企业最重要的资源,管理已经不再停留于对它们合理而高效地配置和运用这一层面,而是转向对知识有效地识别、获取、开发、分解、使用、存储和共享这一层面,目的是为显性知识和隐性知识构建转化和共享的途径,运用集体的智慧提高应变和创新能力。管理的重点在于知识(智能)的有效研究与开发,目的是实现员工(包括用户)知识的交流、共享与培训,加快隐性知识的显性化和共享,进而来提高企业的应变能力和创新能力。管理的对象尽管都是人,但工业经济时代的人主要是作为劳动力的人,即经济人,管理的目的是为了提高劳动生产率和资本增值率,然而在知识经济时代的人已经转变成知识载体和源泉的人,是作为智力的人,管理进而也就转变为对知识的产生、开发、共享和培训这几方面的管理。以提高知识的生产力和增值率、知识的共享率和创新能力为目的将成为管理的核心,知识管理终将成为推动知识经济不断前进的重要车轮。我们坚信,在知识管理和高新科学技术的驱动下,社会必将实现可持续的发展。

人类对知识的认识、管理、探索几乎和人类文明史一样久远,但是知识管理真正作为一门新兴的学科在管理领域中出现,不超过 20 年的历史。在知识管理的发展历程当中,众多现代知识管理的发起人和有关的组织都以他们提出的知识管理理论和方法,或以他们发表的论文与著作,或以他们的各种实践方式等,不断推动知识管理的发展与普及,进而产生了重要的影响。

1.5.1 国外技术创新理论及其发展

1. 国外对"技术创新"内涵的界定

技术创新的概念来源于美籍奥地利经济学家约瑟夫·熊彼特的理论。但熊彼特本人没有直接对创新或技术创新下严格的定义，"技术创新理论"是其后的学者对创新理论的进一步发展，主要研究技术创新的过程、经济效果及其在社会经济方面的影响。从基本内容上看，熊彼特的《经济发展理论》应该被看作是技术创新理论的发端。熊彼特首次提出了"创新"的概念，并把它定义为：把一种从来没有过的关于生产要素的"新组合"引入生产体系，其目的在于获取潜在的超额利润。熊彼特所讲的创新实际上是一种广泛意义上的创新，包括技术创新、市场创新和组织创新等。

索洛在《在资本化过程中的创新：对熊彼特理论的评论》一文中，首次提出了技术创新成立的两个条件：新思想来源和以后阶段的实现发展。这被理论界认为是技术创新理论的一个里程碑。林恩首次从时序的角度定义技术创新，认为技术创新是"始于对技术商业潜力的认识而终于将其完全转化为商业化产品的整个行为过程"。曼斯费尔德则认为"一项发明，当它被首次应用时，可以称之为技术创新"，并在 1982 年出版的《产业经济学（修订版）》中指出："在经济学意义上，只有首次被引进商业贸易活动的那些新产品、新工艺、新制度或新设计才称得上创新"。这一定义被后来学者认可并加以发展，如厄特巴克认为，创新是技术的实际采用或首次应用。

从 20 世纪 60 年代开始，美国国家科学基金会发起并组织对技术创新的研究项目的主要参与者梅耶斯和马奎斯在 1969 年的研究报告《成功的工业创新》中指出："技术创新是复杂的活动过程，是从新思想和新概念开始，通过不断解决各种问题，最终使一个有经济价值和社会价值的新项目得到实际的成功应用"。此后，美国国家科学基金会对技术创新的界定进行了拓展，在 70 年代中期的一份研究报告《科学指示器》中提出，"创新包括两种类型：一是特定的重大技术创新，二是有代表性的普遍意义上的技术变革"，从而把模仿和不需要引入新技术知识的改进作为最低层次的创新划入了技术创新范围。

关于技术创新理论具有代表性的观点还有：斯通曼提出的技术创新是"首次将科学发明或研究成果进行开发并最后通过销售而创造利润的过程"；美国国会图书馆研究部认为，技术创新是"一个从新产品或新工艺商业化到市场应用的完整过程，包括设想的生产、研究方法、商业化生产到扩散过程的一系列活动"；经济合作与发展组织（OECD）提出，技术创新是"使一种设想成为在工业或商业活动过程中销路好的产品或改进的产品的交换"。德鲁克认为，"创新的行为就是赋予资源以创造财富的新能力"；森谷正规提出，技术创新就是"因技术的推广而开辟了新的市场，刺激了经济的发展，创造足以迅速改变我们的社会和生活方式的新的经济实力"等。

西方学者对技术创新内涵的界定概括起来大致有两种主要见解：一种是基于发明和创新的联系和区别来理解的狭义的技术创新，代表人物如曼斯费尔德。另一种是从技术、市场、管理和组织体制等生产系统或经济系统的要素方面来理解的广义的技术创新，如美国国会图书馆研究部等的定义。

2. 国外技术创新理论的发展

国外对技术创新理论的研究早且成果较丰富。美国经济学家曼斯费尔德就技术创新中的技术推广问题，以及技术创新与模仿之间的关系和两者的变动速度问题做了阐述。为了考察同一部门内技术扩散的速度和影响技术扩散的各种经济因素的关系，曼斯费尔德提出了四个假定:完全竞争的市场;专利权的影响很小;在技术扩散过程中新技术本身不发生变化;企业规模的差异不至于影响新技术的采用。在此假定的基础上,曼斯费尔德认为在一定时期内一定部门中采用某项新技术对企业增加的程度受三个因素的影响:模仿比例、采用新技术的企业的相对盈利率、采用新技术需要的投资额。曼斯费尔德的技术模仿论解释了一项新技术首次被某个企业采用后,究竟需要用多久才能被该行业的多数企业所采用。但因其假设条件与实际相差太大,因而对现实经济的解释能力有限。

谢勒、弗雷德里克·迈克尔以及卡曼、施瓦茨先后对技术创新与市场结构关系进行了研究,丹尼森、罗伯特·索洛等研究了技术进步测度问题。20世纪70年代,技术创新的理论研究持续兴旺,这时期的理论主要有:曼斯费尔德关于外贸增长与美国的R&D的研究;格里利克斯·兹维关于创新与经济变革的研究;戴维·保罗关于技术选择、创新和经济增长关系的研究,以及纳尔逊和温特提出的进化理论、拉坦提出的关于制度变迁的诱致性创新理论模型等。

20世纪80年代以来,有关技术创新的研究进一步深入,研究领域涉及技术创新与经济增长、技术创新与市场结构、企业技术创新战略、技术创新和产业演化、国家创新和产业创新、技术创新扩散理论和自主、模仿、合作创新理论。此阶段的主要成果有:英国伦敦大学 Slavo Radosevic 教授关于工业化时期的科技系统如何转化成后工业化时期的创新系统及其相应的决策的研究;澳大利亚大学 Giovani Da Silveira 教授关于技术创新扩散在经济发展中的关键性问题的研究;荷兰马得勒支大学的 Ruud Smits 教授关于创新管理、创新政策、创新系统、共同进化理论、技术集聚效应理论等创新系列问题的研究;荷兰代夫特大学的 Ibovande Poel 教授关于创新模式是如何激活和抑制技术政策的转变问题的研究等。

值得一提的是,一些先进采煤国对煤炭矿山技术进步的研究也取得了丰硕的成果。如戴维·伍德分析了澳大利亚煤炭工业中技术进步情况。他认为正是不断试验和接受新技术,使澳大利亚煤炭工业位于世界前列,在未来的发展中,技术的竞争仍是澳大利亚煤炭工业最为关注的方面,有效地采用新技术可以降低煤炭产业中的成本,从而提高在世界煤炭工业中的竞争力。

1.5.2　国内技术创新理论及其发展

1. 国内对"技术创新"内涵的界定

我国有关技术创新的研究起步较晚,始于20世纪80年代末期。傅家骥、姜彦福、雷家骕等人(1992年)认为,技术创新是企业家抓住市场的潜在的盈利机会,以获取商业利益为目标,重新组织生产条件和要素,建立起效能更强、效率更高和费用更低的生产经营系统,从而推出新的产品、新的生产(工艺)方法、开辟新的市场、获得新的原材料或半成品供给来源或建立企业的新的组织,它是包括科技、组织、商业和金融等一系列活动的综合过程。柳卸林(1993年)认为,创新是一个从思想的产生,到产品设计、试制、生产、营销和市场化的一系列的活动,也是知识的创造、转换和应用的过程,其实质是新技术的产生和应用。贾蔚(1998年)则认为,技术创新是一个以市场为导向,以提高国际竞争力为目标,从新产品或新工艺设想的产生,经过研究与开发、工程化、商业化生产,到市场推广应用整个过程一系列活动的总和。许庆瑞(2000年)认为,创新是指那种对于某一环境或组织来说是崭新的技术,对于旨在出售的新技术来说,技术创新的特征在于其第一次的商业应用。史世鹏(2003年)认为,技术创新有狭义和广义之分,狭义的技术创新就是新技术产品的创始、演进和开发;广义的技术创新则与高技术产品流通过程相重叠,它高于高技术产品流通过程,是由技术创新(狭义)、创新商业化、高技术产品扩散三个功能和商流、物流、信息流三个支柱及高技术产品、高技术体制和高技术意识三个要素构成。

总体上来看,学者对技术创新内涵的界定存有一定差异。差异主要有:①非技术性的创新活动能不能列入技术创新的范围;②技术改进能否列入技术创新范围;③如何衡量技术创新成果是否成功转化。技术创新作为一个动态变化的概念,必然有明显的经济形态和科技形态的印记,在不同的时代背景下显示着不同的内涵。

2. 国内技术创新理论的发展

我国学者在总结学习国外技术创新专家研究的基础上,根据国内具体环境展开了对技术创新理论的研究。

(1) 技术创新能力的评价

我国的一些学者评价技术创新能力多数是从建立评价指标体系入手,运用多级模糊数学评价模型、灰色综合分析法等方法来建立评价模型来量化指标。马胜杰(2002年)仅从企业技术创新评价体系构建角度,提出可以从创新投入能力、创新管理能力、创新实施能力、创新实现能力、创新产出能力和创新核心能力六大方面建立指标,其中包括28项小指标,但没有建立评价模型将指标量化。孙冰、李柏洲(2006年)运用格栅获取法、模糊Borda数分析法对企业的技术创新动力进行了一定的评价,并建立了相应的评价指标体系和模型。王惠、康璞(2008年)在对企业技术创新要素的系统分析的基础上,从创新决策能力、R&D能力、生产制造能力、市场营销能力和组织管理能力五个方面建立了评价指标体系。梅强、范茜(2011年)将高新技术企业的自主创新能力的评价体系分为来三大类:自主创新投入能力、自主创新实施能力和自主创新产出能力,并利用BP神经网络构建评价模型。此外,也有研究者运用多种算法相结合的方式对技术创新能力进行评价。周敏等人利用正弦和正切函数变化的非线性调整权重的策略[23];清华大学的Jiang M采用随机方法对基本的PSO算法中的参数选择和收敛问题进行了研究,也取得了有价值的结果[24];赵志刚等人在基于PSO的基础上,用改进的非线性递减惯性权重策略,更新速度公式,并利用随机扰动因子更新位置公式,引入变异算子,提高了算法收敛速度和精度[25]。夏天等人将PSO算法和遗传算子结合起来,对神经网络进行了优化,取得了较好的效果。

(2) 绿色技术创新

绿色技术创新就是通过在生产、消费、产品回收等领域中的技术创新、管理创新以及非技术方法的创新,使产品的生命周期成本最小化,使产品在整个生命周期中消耗资源最小化、对生态环境的危害最小化和对人体危害最小化的技术创新活动的总称。

李杰中(2011年)以PFI理论为基础,从绿色技术创新专有制度、绿色技术创新互补性、资产以及绿色技术创新主导性设计三个方面对企业绿色技术创新激励因素进行了分析,在此基础上构建了企业绿色技术创新激励机制并说明了其作用路径。陈守强(2011年)从绿色科技创新出发,探讨其发生的内在因素,重点剖析了绿色技术创新促进新的产业和产业部门形成的核心因素以及决定产业的兴衰周期。张恣娴(2012年)在梳理了绿色技术创新基本内涵的基础上,从内部、外部两方面分析了绿色技术创新的影响因素,并根据国内企业现状提出如何尽快推进绿色技术创新的时间策略。

(3)技术创新现状的地域差别

目前,不少学者对我国各地企业技术创新的现状做出了分析,发现了其中的问题并提出了相应的对策。例如对四川(陈光,2006年)、江西(刘小真、麻智辉、李志萌,2009年)、武汉(曾繁华、杨明东,2009年)、乌鲁木齐(乔中明,2009年)等地的企业技术创新现状调查后发现,大多企业都存在创新活力较差、缺少投入资金、科技人员短缺、公共服务基础差等问题。

(4)技术创新的演进理论

技术创新由于受到经济背景和社会环境的影响,会有较深的时代烙印,因此技术创新是一个动态的过程。传统的理论对技术创新的分析仅是采用静态的方法,难以对其进行准确的分析,而演化经济学的产生为技术创新的问题提供了新思路和方法。

毛荐其(2006年)认为技术创新与生物进化有许多相似之处。技术创新的产生是由于底层因子的相互作用,这些底层因子包括知识、信息等。另一方面,技术创新还受外部环境的影响,包括市场、文化和制度等因素,它们之间也是相互作用,不断进化的。由此可见,技术创新的进化过程是十分复杂的,在创新的过程中常常会出现问题,人们必须不断地进行搜寻和探索,最后得到升华。

郑燕、张术丹等人(2007年)对技术创新的演化进行了研究。他们从生物进化论的三个核心概念出发,认为企业本身存在着创新惯例,当一些因素造成企业对所获得的利润不满意时,企业就会开始搜寻新的技术,进行技术创新,即发现问题之后再通过选择机制,适应市场的新技术成为新的惯例保持了下来。企业技术创新就是通过这样的机制不断地演化。通过分析还建立了企业技术创新的演化分析框架——企业创新惯例、创新行为和市场选择,并在此框架之下分析了企业对技术创新策略选择的问题。另外,张术丹(2008年)从演化经济学的视角,采用演化博弈论的理论和方法,分析了技术创新与制度创新的动态博弈过程。

1.5.3 我国煤炭技术创新相关理论

1. 煤炭技术创新对核心竞争力的影响

北京大学管理学院的张维迎教授认为企业的存亡取决于是否具有核心竞争能力,即是否具有独特的资源和能力。这种独特性具体表现为你所拥有的资源是"偷不去、买不来、拆不开、带不走、溜不掉"的。"偷不去"是指别人模仿你很困难,"买不来"是指这些资源不能从市场上获得;"拆不开"是指企业的资源、能力有互补性,分开就不值钱,合起来才值钱;"带不走"是指资源的组织性,整合企业所有资源形成的竞争力,才是企业的核心竞争力;"溜不掉"是指提高企业的持久竞争力。海尔集团董事局主席张瑞敏曾指出:海尔的成功源于海尔人自创业开始以来的观念创新和持续的创新活动。创新是海尔文化的价值观，也是其真正的核心竞争力。

我国关于煤炭技术创新对核心竞争力影响的研究才刚起步，目前相关深度的文献还很少。煤炭经济和管理专家张文山教授、王立杰教授以及兖矿集团的牛克洪研究员均对核心竞争力给予了较大的关注。王立杰、郭军（2004 年）在分析了我国煤炭企业竞争力现状和辨析了煤炭企业一般竞争力和核心竞争力的基础上，提出了煤炭企业结构的分力与重组、专业化公司等培养和经营其核心竞争力的对策。王立杰、杨胜远等人（2007 年）以鹤壁煤业集团为例，分析煤炭集团公司诸因素的演变过程，并运用系统动力学对煤炭资源、技术、文化子系统为主因素的核心竞争力形成过程进行了仿真模拟，模拟结果表明年产量、年利润和年产值等多项指标的仿真结果与实际结果相吻合。

煤矿企业已经开始认识到企业核心竞争力是企业持续发展的根本动力，一些大型煤炭企业如神华集团、兖矿集团、大同煤矿集团、潞安集团等在"如何培育企业核心竞争力"上下了很大功夫。

2. 绿色采煤技术创新理论

随着我国经济的高速增长，矿产资源特别是煤炭资源的消耗增大，我国煤炭行业面临着经济性、环保性和安全性三重压力，绿色煤炭技术创新是煤炭企业实现可持续发展的必由之路。张朝丹（2008 年）列举了美国和澳大利亚的煤炭产业绿色技术创新的实例，以平朔煤炭工业公司为例，从产业政策、投资政策、技术政策和投资政策等方面提出了加强绿色技术创新的对策。戚宏亮、王博（2011 年）阐述了在低碳经济背景下，煤炭企业进行技术创新的必要性及技术创新现状，指出煤炭企业存在着低碳技术水平落后和缺乏技术创新的畅销动力机制的不足，从煤炭生产层面、消费层面上提出了突破煤炭技术创新的建议和对策。韩峥（2011 年）将循环经济的概念引入到煤炭技术创新中，强调煤炭产业的资源高效综合利用和环境保护，在分析煤炭产业技术创新存在的典型问题基础上，利用混沌理论找出影响煤炭技术创新演进的关键因素，且指出要从提升创新能力、优化系统结构和完善政策机制等方面来提升煤炭技术创新系统。

3. 煤炭技术创新评价体系及评价模型

我国对煤炭技术创新方面的研究大多着眼于对技术创新体系的构建和评价模型的建立。陈洪安（1998 年）结合煤炭产业自身特点，指出了煤炭技术创新区别于一般技术创新的特点，在此基础上提出煤炭技术创新活动要着眼于矿区整体技术水平的进步、采取多元化的创新方式等建议。

煤炭技术创新评价模型的建立，大多采用层次分析法、神经网络法和模糊评价法，以层次分析法居多。彭蓬（2008 年）根据当前煤炭企业技术创新能力评价方法的不足，提出一种基于神经网络的企业技术创新能力评价方法。首先建立技术创新能力经济技术评价指标体系，然后利用神经网络工具箱来设计模型，并给出可行的评价程序。吴振德、宋彧（2008 年）根据技术创新发展的趋势和大型煤炭企业特点，从创新投入能力，创新实施能力，创新实现能力和创新管理能力等方面建立技术创新能力评价指标体系，运用模糊综合评价法得出大型煤炭企业技术创新能力的综合评价方法。在煤炭技术创新效果评价方面，张能福、郑群等人(2002 年)从直接经济效益增长、研发能力提高、创新管理能力提高和生产技术水平提高四个方面建立评价指标,利用层次分析法构建煤炭企业技术创新效果综合评价模型。陈玉和、白俊红等人(2006 年)分析了我国进行煤炭技术创新的优势环节和劣势环节,在此基础上,从创新资源投入、创新管理能力、创新的倾向性、研发能力、生产制造能力和市场营销能力六个方面建立评价指标,然后运用层次分析法对指标体系各项指标进行排序并计算权重。张继磊(2009 年)将煤炭技术创新评价指标分为煤炭技术创新内部评价指标和煤炭技术创新外部评价指标,分别对企业自身条件和外部环境进行评价并利用层次分析法建立了评价模型,在此基础上,结合黑龙江省煤炭技术创新的现状提出了增强黑龙江省煤炭技术创新动力的对策思路。

第2章　我国煤炭矿山技术创新现状及问题

2.1　我国煤炭矿山技术创新概况

自 20 世纪以来,由于在世界范围内科学技术突飞猛进地发展,使得社会生产方式和生活方式发生了重大的变化,知识和智力资源的占有、配置、生产和运用已经成为经济发展的重要依托。尤其是发达国家,其产业结构、产品结构和企业结构都发生了重大变化,新兴产业特别是信息产业的迅猛发展,也促使传统产业不断发生变革,新产品层出不穷,高科技产品在社会生产中所占比重日益提高。为了迎接经济全球化和信息化的浪潮,适应新的竞争环境和竞争规则,各国都在加紧确定和调整发展战略,其重点就是提高技术创新能力为主要指标的核心竞争力。

我国煤炭产业走过了一百余年的发展历程,已经成为我国能源构成的主体。近年来,随着世界石油危机的加剧以及能源可持续发展战略被列入国家发展战略体系,煤炭产业的可持续开发和产业技术创新,已日渐成为理论和实践研究的热点问题。纵观我国煤炭产业的发展历程,技术创新始终是其主要的发展动力。煤炭产业是能源资源型产业,它包含了煤炭的勘探、煤田开发、煤矿生产、煤炭贮运、加工转换和环境保护等多项环节,其中又以煤炭开采为核心环节。煤炭开采技术的发展决定着煤炭的产量和生产效率,开采技术的创新对煤炭产业的发展起着关键性的作用。

煤炭矿山的技术创新应是通过煤炭资源开发过程中应用创新的知识和新技术、新工艺、新材料、装备,采用新的生产方式和经营管理模式,提高生产集约化程度,提高产品质量和经济效益,努力实现优质、高效、洁净、安全和可持续发展,增强市场的竞争能力,实现煤炭矿山经济社会价值的过程。

煤炭矿山的技术创新涉及煤炭的采掘、生产、加工和环境保护等各个环节,其中,煤炭开采技术是煤炭产业技术创新体系的核心。我国煤炭开采技术经历了从设备引进,到技术消化、吸收形成生产能力,最后实现自主创新的技术学习过程,逐渐实现了由技术引进向自主创新的发展过程,并最终实现了煤炭产业技术创新体系的构建和发展。

目前,我国的煤炭科技工作有力支撑了煤炭工业健康快速地发展。煤炭行业整体科技水平不断提升,以企业为主体、市场为导向、产学研相结合的科技创新体系不断完善,在关键技术攻关、新技术研发、先进技术推广应用等方面取得了较大的进展。全行业已建成国家级技术中心 14 个、国家科技大型示范工程 13 个、共完成 863、973 计划项目 31 项、重点科研课题 336 个、中国煤炭工业协会科学技术奖 974 项,其中,国家科技进步奖 30 项。影响煤炭开发利用的部分技术难题得到解决,并取得一批具有先进技术水平的科研成果,如煤田地质勘探技术与装备研发取得重大进展,大型矿井建设钻井法、冻结法和注浆法凿井技术与配套装备取得重大突破,大型矿井综合机械化、自动化采煤成套技术与装备研制取得重大进展。年产 6 百万吨综采成套技术与装备取得成功,年产 10 百万吨综采成套技术与装备进入工业性试验阶段。煤矿瓦斯、水害、冲压地压等重大灾害防治技术取得新进展,具有自主知识产权的重介、跳汰等各类煤炭洗选设备已基本满足年产能力 4 百万吨大型选煤厂建设的需要,形成了具有自主知识产权的 CDCL 煤炭直接液化新工艺,煤炭环境保护和污染防治技术取得了新的成果。我国煤炭矿山技术创新局面呈现出以下趋势。

(1) 煤炭矿山技术创新外部环境良好

我国煤炭矿山技术创新起步较晚,煤炭企业的技术创新能力较弱,技术创新成果转化率不理想。但近年来,煤炭矿山技术创新逐渐被煤炭企业重视。煤炭行业属于劳动、资本密集型行业,也是维系我国国民经济和社会健康发展的能源支撑。在"十二五"规划期间,我国将着力发展循环经济,支持共伴生矿产资源,粉煤灰、煤矸石等大宗固体废弃物的综合利用。此外,我国注重在生态环境、能源资源等领域的重大科学技术突破,重视建设以企业为主体的技术创新体系建设。近年来我国对技术创新的科研经费支出和科研人员数量连年攀升。2000—2011 年我国煤炭行业科研人数和科研人数经费内部支出占 GDP 比重如图 2-1、图 2-2 所示。

图 2-1 2000—2011 年我国科研人数(单位:万人)

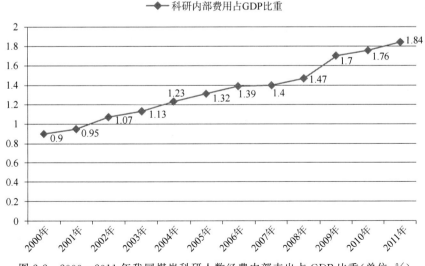

图 2-2 2000—2011 年我国煤炭科研人数经费内部支出占 GDP 比重(单位:%)

煤炭是我国的主体能源,在未来相当长的时间内,煤炭作为主体能源的地位不会改变。在"十二五"规划期间,我国继续推进大型煤炭企业集团的快速发展和大型煤炭产业基地的稳步建设。根据煤炭工业"十二五"规划要求,我国形成了一批装备现代化、管理信息化和安全高效的现代化煤矿,采煤机械化程度达到65%左右。从煤炭矿山的建设发展情况上看,我国煤炭矿山整体生产力水平较低,采煤技术装备自动化、信息化、可靠性程度低,采煤机械化程度与先进产煤国家仍有较大差距;一些煤矿地质条件复杂,瓦斯含量高、水害严重、开采难度大、安全生产问题仍然突出;煤炭开采引发的水资源破坏、瓦斯排放、煤矸石堆存、地表沉陷等问题,对矿区生态环境破坏严重,恢复治理滞后。技术创新能够为煤炭企业带来新的生产技术和管理模式,为推动煤炭矿山现代化发展注入新的动力,也为解决煤炭矿山开采过程种种问题提供更有效的途径。

(2)基本形成了以企业为主体、市场为导向、产学研相结合的煤炭矿山科技创体系

煤炭作为我国传统能源,在未来相当长的一段时期内,其基础能源地位将不会改变。我国的煤炭产量增长迅速,从1990年到2012年,煤炭产量年平均增长率已达10.7%。这是由于,一方面我国经济高速增长、社会基本建设需求的拉动,另一方面煤炭行业的机械化程度和员工劳动生产率的不断提高。"十二五"期间,我国以大型煤炭企业为开发主体,陆续建成一批大型矿区,加快陕北、黄陇、神东、蒙东、宁东、新疆煤炭基地建设,稳步推进晋北、晋中、晋东、云贵煤炭基地建设。

美国、印度、澳大利亚、南非等国家是世界上主要的产煤国家,知名煤炭生产企业主要有皮博迪能源公司、阿齐煤炭公司、固本能源公司、BHP公司、英格威煤炭公司等。在煤炭出口市场上,美国、澳大利亚和南非等9个国家占世界出口量的90%以上。我国煤炭企业通过"走出去"战略提高煤炭生产供应能力,有助于企业在全球范围内进行产业规划和布局,在推动公司绩效和可持续发展的同时,在国际竞争中占有一席之地。目前,我国煤炭企业特别是一些国有大型煤炭企业相继在澳大利亚、印尼等国家获得煤矿开采权。

从国内外煤炭行业的发展形势上看,我国煤炭企业正面临着日趋激烈的行业竞争,煤炭企业作为技术创新的主体,其对煤炭资源和消费市场的竞争不仅局限于国内煤炭行业竞争,也体现在煤炭企业国际化战略的实施上。技术创新能够提高煤炭企业的劳动生产率,带来新的利润增长方式。煤炭企业应以煤炭市场的需求为导向,与科研院所和高等学校组成科技联盟,创建煤炭矿山技术创新体系。

以兖矿集团为例,兖矿集团是山东省属国有重点企业,其技术研发费用占主营业务收入的比例维持在4%左右,现已基本形成了符合"以企业为主体、市场为导向、产学研相结合"特征的技术创新系统。"十一五"时期以来,完成重点科技成果509项,165项成果通过上级技术鉴定,获上级科技奖励445项次,其中国家科技进步奖5项,省部级奖励162项次。兖矿集团制定了《兖矿集团有限公司专利工作管理办法》《兖矿集团有限公司标准化工作管理办法》等管理制度,组建了以技术委员会为决策层、专家委员会为咨询层、技术中心为管理层、企业内部研究机构及产学研联合体为研发层的创新体系,并先后与山东科技大学、中国矿业大学、山东大学、厦门大学、曲阜师范大学等单位签订了全面技术合作协议;在山东省经贸委的支持下,联合山东省各煤炭企业以及煤炭科学总院、中国矿业大学等11家成员单位,成立了国内第一家行业技术研发实体"山东省联创煤炭技术研究中心";在国家科技部、财政部、国资委等部委的支持下,与中国化学工程集团公

司、清华大学、华东理工大学等 10 家单位联合,成立了"新一代煤化工产业技术创新战略联盟"。

近年来,煤炭企业从事技术创新的积极性有了很大程度地提高,技术创新活动也有了一定程度地提高。但是,从总体上来看,企业技术创新水平仍然不高,与其他行业相比,无论从创新意识、创新能力,还是从创新投入、创新成果及创新效益来看,都还处于较低的水平。研究开发投入、科技人员比例等指标不仅远低于发达国家水平,也远低于国内其他大型企业的水平。

目前,煤炭矿山技术创新的主要模式有如下几种。

(1) 自主创新模式

自主创新是指企业以自主研究开发为基础,通过自身的努力和探索产生技术突破,攻破技术难关,并在此基础上依靠自身的努力推动创新的后续环节,完成技术的商品化,获取商业利润,达到预期目标的创新活动。

自主创新模式要求企业要有很好的创新惯例,即要有很强的研究开发能力和技术创新能力,并需要较高的研究开发投入;还要求有较强生产能力以及较高技术创新人员的创新能力。

(2) 模仿创新模式

模仿创新是指企业通过引进国外或国内其他企业的先进技术进行学习和模仿,在别人的技术上进行改善,在此基础之上进行的技术创新的活动,这种创一新模式是模仿别人的技术,并根据企业现有的能力进行的再创新,要注意不能侵犯别人的知识产权。

采用模仿创新模式的企业的创新惯例较差,也就是说,企业的研发能力不强,研究与开发资金投入较少,而且企业中技术创新人员的创新能力一般,企业总体的技术创新能力一般,生产能力还可以。

(3) 合作创新模式

合作创新是企业和企业外部的组织进行合作,共同进行技术创新的一种模式。一般来说,合作创新可以分为两种:一种是企业和企业的合作,另一种是企业和高校及科研机构的合作。企业不仅可以依靠自身的技术能力,还可以借助外部的技术资源,通过合作创新,可以各自发挥优势,降低风险。因此,合作创新在进行技术创新的过程中是双方共同参与、资源共享的一种创新模式。

采用合作创新模式企业的创新惯例是,一般研究和开发能力不强,研发投入的资金也不是很大。企业拥有较强的生产能力,而且企业中也存在一些技术创新能力较强的技术人员,技术创新能力还不错。

从组织形式看,煤炭矿山技术创新的组织形式主要有以下两种方式。

(1) 横向组织方式

① 产学研结合

技术创新不仅要靠有效的技术开发,而且需要一定的技术与工艺的支持。受计划经济体制的影响,我国多数煤炭企业技术开发能力较弱,科研力量主要集中在专业的研究开发机构中,大部分煤炭企业是依靠产学研多方力量合作进行技术创新,并取得较大的成就。

② 企业与企业的合作

企业与企业之间的合作创新是新世纪企业实施技术创新的必然趋势。企业与企业进行合作，通常可以以较少的投入、较快的速度达到提高双方技术创新能力的效果。

③ 吸收兼并

以产权交易的方式，获得企业外其他组织（企业、研究与开发机构等）的技术。其实质是以产权交易资产重组来实现技术资源的重组，以提高技术的创新能力。

（2）纵向组织方式

① 创新企业科技管理体制

目前，大中型煤炭企业科技管理机构设置多采取两种方式：一是集团公司以原科研所或科技开发中心为主组建集团技术中心，下设若干个研究所（紧密层）和松散层技术开发单位。技术中心具有科技管理、技术开发、技术推广和技术创新等多项职能；二是集团公司设有科技发展部，负责科技计划规划的制订、科技项目管理及为总工程师服务等有关工作，另以原科研所或科技开发中心为主组建集团技术中心，负责技术开发、推广和技术创新工作。其中，采取第二种方式的企业较多。

② 建立健全企业技术中心

对于拥有较强技术力量的大中型煤炭企业，可以依靠自身力量组建企业技术中心；对于技术力量较薄弱的煤炭企业，应充分利用企业内外的科技资源，产学研结合共建。但对大多数煤炭企业而言，应以自主与共建结合为主，并建成开放式的技术中心。即与企业相邻的科研院所、高等院校共建技术中心，并进入实质性的合作。企业作为技术创新的主体，充分利用科研机构创新的源头和知识库，利用双方的人才资源、试验手段、信息技术和生产现场进行合作，采用先进技术改造传统产业，解决关键技术和工艺、工装和生产过程中重大的安全技术问题，共同开发新产品，形成自主知识产权。新产品技术创新后，企业与合作方可按股份制模式运作共闯市场、共担风险、共享效益。

③ 创建企业高科技园区

一些大中型煤炭企业地处交通较发达地区，又有可利用的土地，具备建立高科技园区的基础条件。同时，产业发展又急需吸引大批的人才和技术，而科技园区是引智的最佳载体。创建企业高科技园区不仅可以促进科技的发展，还可提高企业的知名度，树立企业的新形象。因此，煤炭企业应积极创建自己的高科技园区。

④ 建设技术创新示范工程

对示范工程或示范基地的项目，在创业初期（3～5 年内），企业给予一定的优惠扶持政策，主要包括：一定的资金支持，在房屋、土地、设备使用和租赁费上给予适当减免，成立研究开发机构，建立灵活高效的机制（包括用人、分配机制）等，以此吸引集团公司内外部科技人才、先进技术与装备，逐步培养企业技术力量，提高自主创新的能力。

⑤ 组建高科技公司

有实力的煤炭企业可以依靠自身力量组建全资子公司的高科技公司。由于煤炭企业普遍技术力量较薄弱，因此，对于更多的煤炭企业应吸收社会法人单位或自然人作为股东，共同发起设立高科技公司。社会法人单位可以是技术合作单位、业务关联单位、风险投资公司、上市公司等；自然人可以是技术持有人、个人投资者。

2.2 我国煤炭矿山技术发展历程

2.2.1 我国煤炭开采工艺发展历程

从建国初期到现在,在我国煤炭产业的发展中,不同的发展阶段,三种开采工艺的特点各有不同,同时随着煤炭产业的发展,综采工艺逐渐推广普及,目前综采在我国的使用面积达到80%以上。

我国煤炭开采工艺的发展历程从20世纪50年代开始,发展至今,经历了以下过程,如表2-1所示。

表 2-1 我国煤炭开采工艺发展历程

采煤工艺	特点	年代	主要技术设备
爆破采煤(炮采)	爆破落煤,爆破及人工装煤,机械运煤,用单体支柱支护工作空间顶板	20世纪50年代	迁移式刮板输送机运煤、木支柱支护顶板
		20世纪60年代	可弯曲刮板输送机运煤、用摩擦式金属支护和铰接顶梁支护顶板
		20世纪80年代	大功率或双速刮板输送机运煤和毫秒爆破技术,防炮崩单体液压支柱代替摩擦式金属支柱,工作面输送机装上铲煤板和可移动挡煤板,使煤在爆破和推移输送时自行装入输送机
普通机械化采煤(炮采)	用采煤机械同时完成落煤和装煤工序,而运煤、顶板支护和采空区处理与炮采工艺基本相同	20世纪50年代	用深截式采煤机落煤和装煤、拆移式刮板输送机运煤、木支柱支护顶板
		20世纪60年代	浅截式采煤机械,整体移置的可弯曲刮板输送、摩擦式金属支护和铰接顶梁相配套的采煤机组
		20世纪70年代	第二代普采装备,主要是采用了单体液压支柱管理顶板
		20世纪80年代	第三代普采装备,用了无牵引双滚筒采煤机,双速、侧卸、封底式刮板输送机以及"∏"型常钢梁支护顶板等新设备和新工艺
综合机械化采煤(综采)	破、装、运、支、处五个主要生产工序全部实现机械化	20世纪70~80年代	我国进入综采时代,用液压支架取代了普采的单体液压支柱
		20世纪90年代	综采得到大面积普及和提高,成为煤炭企业技术进步的主要标志,向大功率、自动化方向发展,采煤机和运输机功率已加大到1000 kW以上,综采液压支架实行电液阀控制,综采设备整机实行计算机集中控制,逐步向无人工作面过度

2.2.2 我国煤炭开采装备及技术发展历程

采煤是煤矿生产的基础,是煤炭工业的核心。因此,采煤机械化就成为煤矿现代化建设的核心问题。煤炭企业生产的核心是采煤工作面,因而采煤工艺和装备就自然成了煤炭企业的主导技术,将采煤工艺和装备的创新称为主导技术的创新。

（1）采煤机

① 我国第一代采煤机——深截式采煤机

世界上第一台采煤机,是 1932 年由苏联生产并在顿巴斯煤矿开始使用的。我国从 1952 年购进并使用顿巴斯采煤机(当时称采煤康拜因),由鸡西煤矿机械厂开始进行仿制工作,于 1954 年制造出中国第一台深截式采煤机,即顿巴斯-1 型采煤康拜因,随后成批生产。

在顿巴斯-1 型采煤康拜因的基础上,经过研究、改进和完善,设计制造了多种形式的采煤康拜因,如 1955 年生产的"矿工"型、1958 年制造的"东风-1 型"、1959 年生产的"鸡西型滚筒康拜因"及适于薄煤层使用的"YRMr-3"型采煤康拜因。这一时期的采煤机称为中国第一代采煤机。

② 我国第二代采煤机——浅截式单滚筒采煤机

1964 年,在顿巴斯-1 型采煤康拜因的基础上,我国开始自行研制出采煤机 MLQ-64 型,1968 年生产出 MLQ1-80 型浅截式单滚筒采煤机,称为我国第二代采煤机。浅截式滚筒采煤机较深截链式采煤机的特点主要是充分利用了顶板对煤层的自然压力,减轻了采煤机截割阻力,加大了牵引速度,降低功能消耗,同时螺旋式滚筒较截链式工作机构结构简单、强度高、能量的损失小、改装容易,且除了具有割煤功能外,还兼起装煤的作用。

③ 我国第三代采煤机——双滚筒采煤机

1975 年生产的 MLS3-170 型采煤机,实现了滚筒采煤机由单滚筒向双滚筒的飞跃。成为我国第三代采煤机的标志。MLS3-170 型采煤机也是我国煤矿中应用最广泛的一种。

MXA-300 型系列采煤机是西安煤矿机械厂于 1983 年生产的大功率无链牵引双筒采煤机,主要有 MXA-300/3.5 型和 MXA-300/4.5 型。MXA-300/3.5 型截割部和 MLS3-170 型采煤机截割部相似,但采用了三头螺旋滚筒,滚筒转速有所降低;牵引部传动系统和液压系统与 MLS3-170 型基本相同,牵引机构采用齿轮一销轨式,特点是传动平稳,消除了链牵引的缺点,机器的使用寿延长,增设了副牵引部和可靠的液压制动装置,故可用于大倾角(40°~50°)煤层而不需设防滑安全绞车,并可实现多台采煤机同时工作,提高了生产率。

1980 年,鸡西煤矿机械厂与哈尔滨煤矿机械研究所共同开发出 BM-100 型骑溜子式薄煤层采煤机,该机性能良好,能自开缺口、强度高、工作可靠,在我国薄煤层采煤中得到广泛应用。

目前,我国生产的液压无链牵引采煤机最有代表性的是 MG 系列,包括 MG3(X)、MG2(X)和 MG150 系列。MG3(X)系列采煤机由上海煤矿机械研究所设计,鸡西煤矿机械厂制造,1986 年生产出第一台,具有同期国际水平,现已广泛使用。

④ 我国第四代采煤机——电牵引采煤机

1994 年由上海煤矿机械研究所设计,鸡西煤矿机械厂生产出我国第一台 MG463DW 型交变频电牵引采煤机,性能良好,电牵引采煤机成为我国第四代采煤机。

MG400/985-WD 型电牵引采煤机,是鸡西煤矿机械厂于 1998 年自行研制开发的具有先进水平和优良性能的新一代大功率电牵引采煤机,适于高产高效工作面使用。2000 年鸡西煤矿机械厂又与兖矿集团联合开发研制了 MG400/985-WD 向横布置大功率升压电牵引采煤机,同样适用于高产高效工作面,并可替代同类进口采煤机组,是目前国内双高综采工作面的理想机型。该两种机组在结构形式、技术、操作和维护等方面与 MG463DW 采煤机基本相同,只是在性能上有所提高。

2005 年,煤炭科学研究总院上海分院又开发出总装机功率达 1 815 kW 的大功率采煤机。随后,更大功率的电牵引采煤机 MG900/2215-GWD 也问世了,该型采煤机的控制达到了国际先进水平,是目前国内功率最大的采煤机。

目前,国内使用的交流电牵引采煤机的电牵引调速系统主要有 3 种:即交流变频调速系统、开关磁阻电动机调速系统(简称 SRD)、电磁转差离合器调速系统。调速原理不尽相同,但基本上都可分为控制部分和牵引电动机部分。在这三种交流电牵引调速系统中,交流变频调速技术由于具有诸多的优点,在大功率采煤机的应用已趋向成熟,并已成为目前采煤机调速方式的主流。

我国采煤机的发展历程如图 2-3 所示。

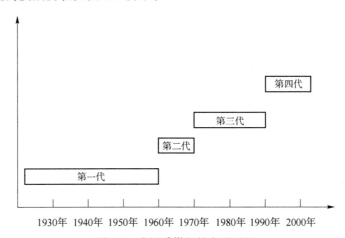

图 2-3 我国采煤机的发展历程

(2) 液压支架

我国液压支架主要依赖国外进口,国内研究机构通过引进、吸收和消化,研制和生产适用我国煤炭开采的液压支架。

① 简单支护设备阶段——木支架

20 世纪 50 年代前,在国内外煤矿生产过程中,基本上采用木支柱、木顶梁或金属摩擦支柱和铰接顶梁来支护顶板。

② 研究未果阶段

我国是煤炭生产大国,在 20 世纪 60 年代也曾研制了几种液压支架,但未得到推广和应用。

③ 技术引进阶段——液压支架

20 世纪 70 年代我国从英、德、波兰和苏联等国家引进数十套液压支架,经过使用、仿制和总结经验。

④ 模仿研制阶段——自移式液压支架

20 世纪 80 年代以后,通过 70 年代引进的新技术设备,在技术吸收、消化之后,我国液压支架的研制和应用获得了迅速的发展,相继研制和生产了 TD 系列、ZY 系列和 ZZ 系列等 20 多种不同规格的液压支架。

这一阶段,我国取得了对自移式液压支架的研制成功并逐步改进完善,进而普遍推广应用,使回采工作面采煤过程中的落煤、装煤、运煤和支护控顶等工序全部实现综合机械化,煤矿取得了较大综合效益。

⑤ 系统升级阶段——电液控制液压支架

20 世纪 90 年代初,煤矿综采液压支架电液控制系统的应用,大大地加快了工作面的移架、推溜速度,改善了采煤工作面顶板的支护状况,使工作面产量成倍增加,直接功效大幅度提高,安全状况明显改善,吨煤成本大幅度下降,为煤矿生产的高效、安全和煤矿工人劳动环境及形象的改变提供了条件。

国内的神东集团、兖矿集团、铁煤集团、开滦集团已引进国外电液控制支架得到了成功的应用,取得了很好的技术经济效益。

我国液压支架的发展历程如图 2-4 所示。

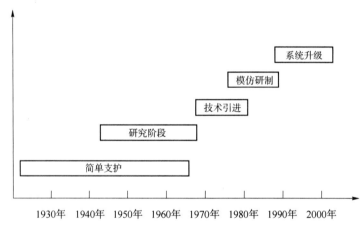

图 2-4　我国液压支架的发展历程

（3）刮板输送机

① 单链小功率输送机

这一阶段的代表产品有 SGB-B 型、SGWD-17 型、SGD-20 型,其特点是单链条、小功率,不能横向弯曲自移,工作推进后要大拆大卸重新安装,用时间长,劳动强度大。

② 圆环链可弯曲输送机

这一阶段的代表产品是 SGW-44 型,由煤科总院太原分院与张家口煤机厂协作研制。实现了不解体和不停运分段自移,小时运输能力提高到 200 吨,使工作面运输装备前进了一大步。

③ 综采工作面输送机

1974 年,我国第一套综采工作面刮板输送机,即 SGW-150 型边双链刮板输送机也是由太原分院与张家口煤机厂协作研制成功,从此拉开了我国自行研制综采工作面刮板输送机、顺槽转载机和破碎机的序幕。

④ 大功率高链速输送机

20 世纪 80 年代中期,我国刮板输送机基本形成了槽宽为 730 mm 和 764 mm 两种系列,多种形式机型的刮板输送机,填补了国内空白,满足了生产急需。例如 3.5 m 厚煤层综采配套的 SGZ764/264 型和 SGD730/320 型工作面刮板输送机;4.5 m 厚煤层一次采全高综采配套的 SGZ764/320s 型侧卸式刮板输送机;薄煤层强力爬地采煤机配套的 SGN-730/220 型准边链刮板输送机等。同时西北煤机一厂与潞安局协作,研制出 SGZ764/400 型框架式综放面刮板输送机。80 年代在太原分院建立了工作面刮板输送机整机试验场和国家级质量检测中心,为刮板输送机的科研和试验工作、为确保输送机质量创造了基础条件。

1992 年,我国晋城古书院矿首先引进了一套德国布朗公司 VK8-1000V 型整体轧焊封底溜槽、交叉侧卸式工作面刮板输送机。1994 年煤科总院太原分院与西北煤机厂协作研制出日产 7 000 吨、SGZ880/800 型整体铸焊溜槽、交叉侧卸式刮板输送机。同时张家口煤机厂通过技贸结合,引进了有关公司的铸造和加工设备,也试制出整体铸焊式溜槽的输送设备。从此,我国刮板输送机的研制水平上了一个新的台阶。

"九五"期间,煤科总院太原分院率先采用 CAD 设计,分别与张家口煤机厂和西北煤机厂合作,研制出我国第一套具备可伸缩机尾调链装置的综放工作面配套输送机,即 SGZ960/750 型综放前部输送机和 SGZ900/750 型综放后部输送机及配套的转载机和破碎机,满足了兖矿集团日产 10 000~13 000 吨、年产 300~400 百万吨的生产需要,为目前我国研制的最先进的工作面刮板输送机。

该阶段的输送机具有如下特点:大功率、大运量、长运距、高可靠性、长寿命,其功率和运量比第三阶段增大 2~3 倍。近年来,我国的刮板输送机发展很快,已经由普通的端卸式发展到了侧卸式;由只适应于中厚煤层发展到特厚和薄煤层的各种机型;由单一的边双链发展到目前的既有边双链、中双链,又有介于两者之间的准边链。功率档次越来越大,经由最初的整机功率 150 kW 发展到目前的 500 kW。

中板厚度不断增加,链条直径不断加粗,从而使设备的寿命得到较大的提高。

我国刮板输送机的发展历程如图 2-5 所示。

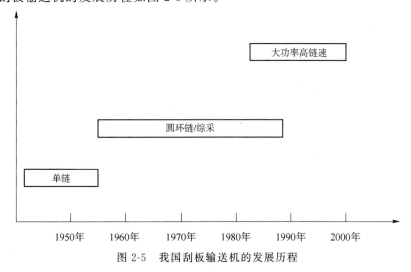

图 2-5 我国刮板输送机的发展历程

2.3 我国煤炭矿山技术发展路径

2.3.1 煤矿机械化发展路径

按中国煤矿的地质情况及实际生产状况,将机械化分为以下三级。

(1)普通机械化采煤

简称普采,采煤工作面装有采煤机、可弯曲链板输送机和摩擦式金属支柱、金属顶梁设备,可完成前三工序机械化,但功率较小,一般工作面年产量15～20万吨。

(2)高档普通机械化采煤

简称高档普采。采煤工作面装有采煤机,可弯曲链板输送机,液压支柱和金属顶梁,可使前三工序机械化。由于有液压支柱,因此顶板维护状况良好,支护和控顶虽为手工操作,但劳动强度大为减轻,功率亦较大,年产量为20～30万吨。

(3)综合机械化采煤

简称综采。可完成五个工序的机械化。当前性能不断改进,能力不断增大,操作日益简化,应用范围也进一步扩大。最高纪录为山西潞安矿务局王庄矿综采一队工作面,年产量达253万吨。

2.3.2 煤炭开采主导技术发展路径

我国煤炭开采主导技术的发展阶段则经历三次变革。

(1)第一次变革

大约完成于20世纪50年代,其特点是用打眼放炮和"顿巴斯"采煤机代替人工手刨的方式落煤,用小型链板运输机代替人工拖筐的方式运煤。

(2)第二次变革

20世纪60年代以后,这个阶段是用浅截式普通机组取代打眼放炮落煤,并配以可弯曲链板运输机运煤。

(3)第三次变革

20世纪70年代以后,这个阶段,是高档普采和综合机械化采煤并行发展的阶段,高档普采和普通机组采煤的主要区别在于顶板支护上,前者用单体液压支柱代替了后者的金属摩擦支柱,而综合机械化采煤和高档普采相比,是前者用液压支架取代了后者的单体液压支柱。发展到20世纪90年代,综合机械化采煤得到大面积的普及和发展,已成为煤炭企业主导技术进步的重要标志。

2.3.3 煤炭技术装备引进与研发路径

(1)探索阶段(1965—1977年)

20世纪60年代初,国外综合机械化采煤技术得到广泛应用时,我国正值使用以金属摩擦支柱与单滚筒采煤机和刮板输送配套的普通机械化采煤技术时期。但是,当时对综合化机械采煤工艺和技术装备的研发已开始探索工作。20世纪70年代初我国开始从国外大批引进先进采煤技术装备,1973 年经国务院批准,从德国、英国和波兰引进 43 套综采技术装备,分别分配给开滦、大同、平顶山等煤矿企业。

（2）扩大引进和消化阶段（1978—1985 年）

1978 年,在国民经济处于困难的情况下,再次分别从德国、英国、法国和日本分别引进 150 套采煤机和 150 套掘进机。分别分配给开滦、大同平顶山、阳泉、西山等煤炭企业。同时加强消化吸收和研制工作,并做出由国内制造 500 套综合机械化采煤技术装备的实施安排使采煤机械化迅速扩大到 56 个国有重点矿务局,169 个矿井。

（3）吸收消化自主研发阶段（1986—1998 年）

先后从英、美、德、日引进先进技术和工艺设备,并且组成了一个统一的"一条龙"实施计划进行引进技术的消化吸收和国产化。该计划的实施,为煤矿提供了 300 余台套替代进口技术装备,国产综采设备占有率已经超过 90%。

（4）企业自主引进与联合研发阶段（1998 年至目前）

1998 年以后,随着国家机构改革、政企分开的深化,煤炭企业下放地方管理,煤炭技术装备的引进再无统一和批量引进的优势,引进先进技术的条件和环境也随之改变。企业除了自行引进外,如神华、新汶和大同等,煤炭装备制造企业和科研院所主动登门为其提供国产服务,自然形成了厂矿联合、院所合作研发的新局面。在此期间,国家主管部门组织实施了"600 万吨高效综放工作面成套技术装备"研制攻关计划和扩大本地化制造等措施。

2.3.4 我国煤炭产业技术发展路径

以上划分的依据各有不同,综合以上各学者对我国煤炭产业发展的划分阶段,结合我国煤炭开采设备技术的发展历程,本节将我国煤炭产业技术学习路径表述为以下五步。

（1）20 世纪 50 年代:手动小功率设备发展阶段

国内外的煤炭生产进入机械化时代。我国煤机装备以单机生产为主,技术落后,发展缓慢。我国研制出第一代采煤机,并投入使用,支护设备较为简单,以木制为主,刮板式输送机具有功率较小、单链、不可弯曲、手动移动等特点。煤炭设备已自行研发为主,并为开展较广泛的国外引进。

（2）20 世纪 60 年代:机械化单机设备发展阶段（综采工艺探索阶段）

这一阶段是综合机械化采煤的过渡阶段,煤机装备进步不太明显,采煤机仍是钢丝绳牵引,在这一阶段,我国对液压支架的研发成果甚少,刮板输送机有所进步,我国研制并生产了可弯曲的刮板输送机。

这一时期,我国已开始着手综合化机械采煤工艺和技术装备的研发探索工作。

（3）20 世纪 70 年代:液压技术发展阶段（综采初步发展阶段）

我国进入综合化机械采煤阶段。在这一阶段,我国采煤机从单滚筒采煤机发展到双滚筒采煤机,并且牵引技术完成了以液压牵引代替机械牵引的转变,液压牵引得以广泛应用。煤炭装备进入了大规模引进、吸收、消化阶段。1974 年,我国研制出第一套综采工作面刮板输送机。

（4）20 世纪 80～90 年代:多元化大功率设备发展阶段

我国的采煤机发展到第四代,电牵引式采煤机的使用,大功率采煤机的研制和生产提高了我国煤炭开采的效率,满足了高产高效煤炭生产的要求。我国自行研制的液压支架开始投入生产和使用。刮板输送机向着多元化发展,不仅有厚煤层综采配套设备,还有薄煤层综采配套设备,由普通的端卸式发展到了侧卸式,功率不断增大。这一阶段,国产综采设备占有率大大提高,已经超过90%。

(5)21世纪:自动化成套设备发展阶段

综合机械化采煤得到大面积的普及和提高,我国的煤机装备逐渐从单极生产走向成套生产。为满足我国煤炭产业发展的需要,采煤机向更大功率发展,电牵引式采煤机向多元化调速系统方向发展,采煤机的控制达到了国际先进水平。液压支架发展到煤矿综采液压支架电液控制系统,逐渐由自动化移架代替了手动移架系统。刮板输送机由单一的边双链发展到目前的既有边双链、中双链,又有介于两者之间的准边链。

2.4 我国煤炭矿山技术创新面临的问题

在经历了10年的高速增长后,我国已经成为世界上最大的煤炭生产和消费国,煤矿安全状况显著改善,产业集中度和生产力水平大幅度提高。但煤炭行业整体生产力水平依然偏低,可持续发展的体制机制仍不完善,煤炭产业结构及发展方式尚不能适应新形势的要求,需要实现从依靠要素投入为主的粗放型增长方式向依靠效率和创新驱动的集约型增长方式转变。煤炭矿山的产品技术含量低,人均效率低,装备相对落后,科技投入少,技术创新能力低,在技术创新工作中还存在一系列问题,主要表现在以下几个方面。

(1)未形成技术创新管理机制

这主要体现在三个方面:一是没有形成优良的技术创新环境和氛围;二是缺乏有效的激励机制,造成技术创新动力不足;三是技术创新管理缺乏有效的制度和体系,使现有的技术创新能力得不到有效的发挥。

(2)企业未成为技术创新的主体

目前,我国煤炭行业技术创新的主体仍然是研究所和高等院校。这种主体的错位,使科技成果的供需产生结构性矛盾,使成果转让成本大大增加,对煤炭矿山产业发展十分不利。

(3)高层管理人员对技术创新重视程度不够

煤炭企业的高素质经营管理人员还十分缺乏,没有充分认识技术创新是煤炭企业的动力源,企业领导人普遍看重企业当前的利益,这是导致对技术创新不够重视的一个深层次的原因。对技术创新在结构调整中的重要性认识不足,重视不够,物力、财力投放不够,没有为企业技术创新营造出有利环境,自身还未扭转粗放经营观念,往往重规模,抢速度,轻视效率,重产品产值、数量,轻视产品技术含量。

(4)缺乏创新人才

技术人才是现代企业最宝贵的资源,在技术创新飞速发展的今天,科技人才的作用尤为重要。煤炭企业专业技术人员结构存在着整体素质低,人员结构不合理的现状,主要表现在:一是专业技术人员学历层次不高;二是高级专业人才的比例较低;三是煤炭生产的采、掘、机、运、通的专业人才相对较多,而战略管理、市场营销、资本经营、金融、投资等方面的管理人才和非煤产业专业技术人才相对匮乏,造成技术创新能力的不足,很难适应煤炭企业长期发展的需要。

（5）创新投入不足

由于企业自有资金不足和高层领导的技术创新观念不强,导致用于技术创新的资金较少,企业技术开发经费严重不足,技术创新投入不足企业销售额的1%。同时还存在资金使用的问题,致使有限的资金不能得到合理利用。

（6）技术创新过程中资源浪费较大

这主要表现在:一是市场调查不全面,企业在搞技术创新时,只凭经验对市场进行估计,对现实和未来的市场需求总量、市场分布、生产能力、在建项目规模的情况未进行科学的市场调查;二是市场预测不科学,企业搞技术创新只凭经验对市场进行定性研究,忽视定量分析,对产品是否是市场所需、产品是否先进、生产是否可行分析不够,忽视在建项目规模和未来可能形成的生产能力预测,导致技术开发、技术改造和技术引进项目失败。

（7）科技成果转化率较低

据统计,有些发达国家科技成果转化率高达60%～80%,而我国只达到15%～25%,远远低于发达国家。而煤炭行业的科技成果转化率仅为19%左右,造成一些好的成果完成后得不到很好的推广应用,不仅造成了很大的浪费,还严重影响了企业综合效益的提高。

（8）信息资源短缺

外部信息是企业认识技术和市场机会的重要基础。煤炭企业获得图书馆和信息机构的服务量还是比较少的,信息渠道也不畅。由于技术开发的资金、人才都不足,搜集外部信息的广泛性、准确性和及时性又较差,导致煤炭企业在技术创新中的信息来源主要依靠企业内部的集思广益和各种建议,往往不能有效地抓住机会。

第3章 影响煤炭矿山技术创新能力因素分析

3.1 煤炭矿山技术创新过程的特殊性

(1)煤炭矿山生产的特点属于资源约束型产业。从生产要素上看,煤炭储量及地质赋存条件是煤炭企业产量最主要的约束条件,而劳动力、资金及技术是在储量约束范围之内起作用,这是煤炭企业技术创新的特点之一。因此,各个煤炭企业技术创新必须根据自身的资源条件,因地制宜地选择能够使企业经济上合理与技术上先进的技术创新模式。而不是仅从技术本身的角度来选择应用新技术、高技术。

(2)煤炭企业产品不像电子行业或其他行业的产品存在着更新换代的问题。煤炭企业的劳动对象是非再生的自然资源,煤炭企业的产品的使用价值是天然形成的,煤炭企业技术创新的作用从本质上讲并不能体现在产品之中,因此煤炭企业技术创新的过程是贯穿于整个煤炭生产过程,其技术创新的中心是生产工艺,其技术创新的成果是高效、高产、安全、洁净地开采和加工煤炭。

(3)煤炭企业生产的工作场所除露天采矿外,均是地下作业,其技术创新活动的高风险性不仅体现在投资风险上,更主要的是表现在安全生产上,对煤炭企业而言,安全技术在煤炭企业技术创新中具有特殊的地位,安全技术始终贯穿于煤炭企业技术创新的活动之中,越是采用高新技术装备,越应大力提高安全保障程度。技术先进的美国煤矿从20世纪80年代以来,其百万吨死亡率一直为0.06~0.07。降低风险,提高安全保障系数是煤炭企业技术创新的重要内容。

(4)降低煤炭企业生产的生态负效应,是煤炭企业技术创新活动中越来越重要的课题。煤炭生产过程中排放大量矸石,使用过程中产生大量有害气体。随着煤炭工业可持续发展战略的实施,资源与环境等生态问题已构成我国煤炭工业发展的最基本的制约因素,煤炭企业技术创新活动中必须考虑环境污染的限制,煤炭工业发展必须与自然生态发展的状况相协调。

(5)煤炭资源属非再生性资源。目前我国煤炭工业的主导技术——综采技术存在着某些方面功能性缺陷,不能将特殊赋存条件下的煤炭资源进行开采回收。因此,在煤炭企业技术创新活动中,应注意在采用先进的采煤技术的同时,必须考虑不可再生资源的煤炭的回收,必须与高效回收的其他开采技术相匹配,提高煤炭的回收率应是煤炭企业技术创新的一个重要目的。

3.2 煤炭矿山技术创新外部影响因素分析

从各国技术和经济的兴衰史可以看出,良好的外部环境对于一个国家及其企业创新能力的重要性。历史经验表明,有利于创新的经济、社会、文化等环境对一个国家及其企业的创新能力发挥着关键作用。1859年前,从畜力的使用,蒸汽机、内燃机、汽车等的发明和大量使用,从柴薪—煤炭—石油的变迁,工程技术的进步决定了主体能源的兴替,科学技术的进步决定了能源系统的变迁方向和速率。1992年前这一阶段,为应对石油危机,世界能源系统发生了翻天覆地的变化,能源技术进步在调整能源使用需求和能源供给两方面都显示出其不可替代的作用,这一时期的能源技术变迁,是能源市场在石油危机冲击下所做出的供需策略调整的一部分,其主要的驱动因素是市场因素。20世纪90年代以来,能源使用等人为因素引致的全球气候变暖、环境恶化,环境问题引起了全世界的广泛关注,成了全球性的问题。1992年《联合国气候变化框架公约》签署后,世界各国通过各种法律、法规和经济激励政策,大力扶植新能源和可再生能源技术的发展。清洁能源技术和可持续能源—经济—环境系统的战略转移得到了世界各国的普遍关注。这一时期的能源技术进步其主要的驱动因素则是政府公共政策。政府在这一过程中,发挥着越来越重要的引导、激励作用。从能源技术经济变迁可以看出,技术变迁并不仅是一个单纯的工程技术变化的过程,而是与社会经济、市场结构、制度安排等密切相关,又相互影响作用的一个复杂过程。因此,结合国内相关理论和煤炭矿山特点,我们认为对煤炭矿山技术创新动力产生影响的外部因素主要包括煤炭行业竞争程度、煤炭行业技术进入壁垒、环境与资源压力、煤炭行业整体技术水平及创新氛围、政府支持与推动、金融机构资金支持、行业技术研发能力、法律法规落实与监管执行力度等方面。

(1)煤炭行业竞争程度

企业的中心问题是对付竞争,而如何对付竞争需要对企业所处的行业进行结构分析。煤炭资源是有限的,随着资源的持续开采和使用,剩余资源会越来越少,而依赖资源形成的产业和生产规模却逐步扩大,因此对煤炭资源的需求会越来越大,资源稀缺性的矛盾就越来越突出。这种矛盾下的煤炭行业发展将会从以下几方面导致资源行业走向寡头垄断式竞争。

① 煤炭行业的兼并、重组和联合使煤炭企业逐步走向规模化经营和发展,进而出现顶端优势,并提高规模化经济性的进入壁垒,使新进入的企业逐步减少。一方面,我国煤炭行业存在着技术落后、组织结构不合理、规模不经济的缺陷,迫切需要通过并购重组来提高行业竞争能力。陕西省政府已制定了对本省企业进行重组的计划,山西省等地也在加紧制定实施大集团战略,我国煤炭行业并购重组已经拉开序幕。另一方面,国家鼓励煤炭行业的规模化经营,原国土资源部(现为自然资源部)出台了鼓励大型企业兼并中小型企业相关政策,国家发改委已经累计安排24亿元国债资金支持大型煤炭基地建设,旨在全面提高我国煤炭行业生产能力的大型煤炭基地建设规划被批准进入实施阶段。

② 电力企业与煤炭企业之间的联盟、重组,使煤炭企业获得了一个稳固的内部市场,同时也将其他竞争对手排斥在外,获得了联盟优势。围绕着电力企业进行的煤电联盟、重组,煤炭企业的集中度进一步提高。

③ 有相当一部分煤炭企业因资源枯竭或经营负担过重将逐步退出了煤炭行业。如原来的抚顺矿务局、阜新矿务局的海州露天矿等因无接续资源,将逐步萎缩甚至退出煤炭行业,煤炭企业数量逐步减少。

④ 新一轮的资源垄断正在进行,这一方面为现有煤炭企业的可持续发展提供了基础,另一方面也减少了新企业进入这一行业的机会。

⑤ 出于资源环境建设和煤矿安全的考虑,对乱采乱挖的小煤窑肯定会继续整治,再加上大型煤炭企业的收购,煤炭行业内的小煤窑数量将会减少。

综合以上兼并、重组的规模化优势和由此带来的企业数量减少,煤炭行业进入的规模化经济性壁垒和宏观调控的政策性壁垒越来越高导致新进入者的减少,现有煤炭企业因资源枯竭和经营不善倒闭所带来的数量减少,国家政策支持的大型煤炭基地建设等因素,未来的煤炭行业正如国外煤炭和石油行业的发展格局一样,将逐步走向寡头垄断。

（2）煤炭行业技术进入壁垒

我国以原能源部1990年下发的《关于煤矿用材料执行安全标志的通知》为契机,开始对煤矿用设备、材料、仪器仪表进行安全标志管理。1992年原能源部和原中国统配煤矿总公司颁布执行的《煤矿安全规程》总则第六条规定:"涉及煤矿井下安全的产品,必须有安全标志。"构成煤矿矿用产品安全标志管理的政策法规体系还有:1999年国家经贸委下发的《关于公布执行安全标志管理的煤矿矿用产品种类的通知》、国家煤矿安全监察局、国家煤炭工业局2000年下发的《关于加强煤矿矿用产品安全标志管理的通知》、国家煤矿安全监察局2001年下发的《关于发布"煤矿矿用产品安全标志管理暂行办法"的通知》《关于公布执行安全标志管理的煤矿矿用产品目录(第一批)的通知》等六个文件。

执行安全标志管理的产品(井下部分)有:电气、照明、火工、通信、钻具、提运、机车、通风、阻燃、环境、支护及采掘机械等12类产品,基本覆盖了煤矿各工种的主要装备。

通过执行安全标志制度,有效地防止了假冒伪劣产品及对煤矿安全生产带来巨大隐患的产品进入煤矿作业场所,减少了由于煤矿矿用产品所引发的事故,保护了煤矿工人的健康和生命安全。安全标志管理已成为煤矿安全生产、安全监察工作的重要组成部分,也是煤矿安全生产的基本保障手段之一。但从另一角度来看,安全标志管理也在一定程度上构成了煤炭矿山技术发展应用的进入壁垒,在一定程度上阻碍了煤炭矿山技术创新的步伐。

（3）环境与资源的压力

煤炭企业在开采和加工煤炭的过程中,会排放出大量的有害气体、烟尘和废渣,使得大气臭氧层遭受破坏,产生温室效应,还会形成酸雨,从而破坏了生态平衡和人类的生存环境。据统计,我国大气中90%以上的二氧化硫、70%的二氧化氮、一氧化氮等混合物、71%的二氧化碳和60%的烟尘以及82%的二氧化碳都是来自燃煤排放。由于煤炭对环境造成了很大的污染,因此,煤炭企业需要在煤炭生产技术上进行创新,清洁开采和加工煤炭。另外,对于煤炭企业来说,资源蕴藏的条件对技术创新有一定的影响。当煤炭资源蕴藏的条件便于企业从事技术创新活动时,企业进行技术创新的积极性就会提高,就会促进企业不断地进行技术创新。因此,它也是技术创新演化的一个动力。

（4）煤炭行业整体技术水平及创新氛围

与发达国家相比,我国煤炭行业技术水平整体呈现参差不齐、相对较低的特点,中小型煤炭企业技术水平较低,但行业内的部分大型企业已经具备国际先进的技术水平。我国煤炭资源开采条件在世界主要产煤国家中属于中等偏下,而机械化程度也相对较低。根据煤炭"十一五"规划,大型煤矿采掘机械化程度达到95%以上,中型煤矿仅达到80%以上,小型煤矿机械化、半机械化程度仅达到40%,而美国、澳大利亚等主要产煤国采煤机械化程度则高达100%。我国尽管经过近20年的发展已实现了国产采煤装备的大型化、系统化、现代化,主要煤矿区已基本实现了综合机械化高效、安全生产。但从实践看,国产综采装备在整体可靠性、自动化程度上还存在着一定差距。目前我国大部分煤矿采用传统的辅助运输方式,与安全高产高效矿井综采综掘的现代化系统很不匹配,存在用人多、效率低、事故率高、设备周转慢等问题,已成为制约我国煤炭生产发展的薄弱环节,亟待解决。

近年来,世界煤炭行业技术水平发生了很大变化,主要表现在以下几个方面:一是以高分辨率三维地震勘探技术为核心的精细物勘探技术,结合其他的高精度、数字勘探技术的应用推广,极大地提高了井田精细化勘探程度,为大型矿井设计提供了技术保障;二是煤矿综采成套装备水平得到提升,大功率电牵引采煤机,具有电液控制功能的大采高强力液压支架,大运力重型刮板运输机及转载机的应用使得矿井的建设高产、高效;三是洁净煤技术水平的不断提升,煤炭资源的综合加工利用技术加快发展。煤炭的洗选加工是洁净煤技术的源头,重介选煤技术取得积极进展和广泛推广,实现了传统洗煤工艺的升级和改造。同时,浮选技术也日趋完善,有效地提高了精煤回收率和浮选效果。

我国煤炭行业经历了从集中管理到分散发展,再到兼并重组发展壮大的过程,行业内企业习惯于互相学习,取长补短,行业整体技术水平和技术创新氛围对煤炭矿山技术创新推动具有一定影响。

(5)政府支持与推动

技术创新已经成为推动经济发展的源泉,目前世界上许多国家都把建设创新型国家作为重要的发展目标。然而,积极有效的技术创新,不仅需要拥有雄厚的科研基础和大批创新型人才,还需要一个合理有效的政策机制,能够促进科技成果迅速、有效地转化为产品和生产技术。

创新是一项具有很高外部经济性的活动,仅靠市场、科学技术等因素提供一些有利于创新的外部环境是远远不够的,还需要依靠政府的支持来促进技术创新。例如美国华盛顿州政府通过立法,为州内太阳能技术设备等绿色能源企业提供包括税收优惠等多项支持政策。几乎各国政府都采用了各种支持和激励创新的政策和手段。在一定程度上,技术创新水平的高低很大程度上取决于政府对创新活动的支持。政府需要在创新中发挥积极作用,政府有时要直接参与一些创新活动,如新能源的开发和利用,更重要的是,政府需要努力营造一个鼓励技术创新的环境。政府的作用体现在如下几个方面。

首先,技术创新具有创新产出的非独占性、外部性的特点,虽然创新者可以通过新技术获取更高的效益,但由于技术溢出,其他企业可以市场、产品、合资等途径获取新的技术信息,去分享创新者的创新收益。如果创新外溢损失没有有效的手段来弥补,创新者的创新积极性会受到打击。从社会角度来看,我们希望知识溢出得越多、越快越好,知识溢出得越多、越快,社会的经济效益就会越高。从企业个体来讲,创新产出的非独占性、外部性会降低企业的创新收益,知识溢出越快、越多,企业的损失就越大。企业作为创新的主体必须保持创新动力,但同时我们也要考虑社会效益更大化,这就需要政府通过政策引导,在两者之间保持一种平衡,以上我们看到的解决政策有专利、新产品减免税、针对研究开发的减免、各种津贴等。

其次,技术创新的成功需要基础研究、教育、信息网络这些公共品为其提供知识基础和信息。高水平的教育和企业广泛的研究开发活动有助于他们理解并且对于重大变化做出反应。良好的沟通、通信结构、企业间与企业—大学—政府网络可以加速技术创新的扩散。由于这些公共品是市场失灵的,企业无法解决这一问题。但是如果没有这些公共品,创新活动就会大大减少。因而,就需要国家提供这些基础设施。

最后,煤炭矿山一些关键技术的研发单单依靠企业往往是很难解决的,不仅投资大、风险大,而且技术的专有性强,企业不愿也很难承担,而政府可以通过提供资金资助,提供产学研合作等共性技术研发平台在某些关键技术突破,从而带动整个产业的跨越式发展。

（6）金融机构资金支持

煤炭矿山技术创新的成果具有明显地专用性特征。煤炭矿山生产和研发所需要的技术设备、各种工具都有各自特定的用途和方向,投入生产后很难转做他用,如采矿机械设备。而且煤炭矿山技术创新的人力资本的开发、应用活动也具有专用性特征。这些研究开发人员的知识结构往往被锁定在某些特定领域,知识的专有性强,如采煤的相关技术人才所掌握的知识很难应用到其他领域。而且投入的时间越长,专用性资产数量越大,其流动性也就越差。也就是说,煤炭矿山技术创新,其资产专用性特征和人力资本专用性特征导致了技术创新资产缺乏流动性。由于所有权交易成本过高,作为投资者就不会选择这些流动性差的长期技术性项目,煤炭矿山很难筹集到创新资金,特别是长期资金。

由于资产的专用性,技术创新的不确定性和非独占性,投资者一方面要保障其预防不确定性支出所需的流动性;另一方面又要保证其资产的收益性和安全性。为了解决煤炭矿山技术创新的资金问题,就需要相应的金融制度安排,解决资产的专用性,技术创新的不确定性和非独占性带来的资金障碍,金融制度的作用主要体现在以下几方面。

① 金融支持具有节约功能。金融制度的产生和演进往往是以节约经济交易费用为根源和动力的。金融支持要解决的就是如何有效利用资金,如何降低经济交易成本。通过金融工具,可以节约资金的筹集成本;金融支持提供的规则和惯例可以降低经济主体在技术创新活动中的成本。金融支持的节约功能正是体现在这些方面。

② 金融支持具有约束功能。在技术创新活动中存在"机会主义"倾向,机会主义分割了创新资源。这些行为的滋生、存在和蔓延,必定会导致交易费用上升和社会福利的损失,造成创新活动的紊乱和无效率,为了减少交易费用和提高创新活动效益,金融支持必须具有监督和惩罚机会主义行为的机制和组织。

③ 金融支持具有激励功能。金融支持的激励功能即指金融制度所提供的规则或机能使创新活动主体具有从事技术创新活动的内在动力。资源稀缺性和企业追求利益最大化的目标,金融支持激励功能的强弱取决于企业的努力与回报的接近程度。

④ 金融支持具有稳定功能。金融支持可以分散风险,提高创新活动的稳定性。由于复杂性的客观存在、人的有限理性和环境与人关系中的不确定性,技术创新活动总是面临着更多风险,金融支持把风险分散给了不同投资渠道、敢于承担风险的投资者,解决了创新活动的资金来源,提高了创新活动的稳定性。

（7）行业技术研发能力

当前,高等院校、科研院所在煤炭矿山技术创新过程中仍发挥着重要作用,产、学、研、用组成技术创新联盟是煤炭矿山技术创新体系中的重要内容。主要形式有:企业、大学和科研机构等围绕产业技术创新的关键问题,开展技术合作,突破产业发展的核心技术,形成产业技术标准;建立公共技术平台,实现创新资源的有效分工与合理衔接,实行知识产权共享;实施技术转移,加速科技成果的商业化运用,提升产业整体竞争力;联合培养人才,加强人员的交流互动,支撑国家核心竞争力的有效提升。在煤炭领域,煤炭开发利用技术创新战略联盟由神华集团、中国航天科技集团公司、上海电气(集团)总公司、上海交大、哈工大、煤科总院等十八家单位作为发起人。先期开展煤炭采掘关键装备本土化、神华煤电厂锅炉高效安全燃烧技术、神华煤炭转化技术三个项目的协同攻关和研发。联盟的技术开发任务包括以下三方面。

① 煤炭采掘关键装备本土化研发。这已经成为提高我国煤炭行业技术水平,振兴装备制造业的重要契机。号称"东方新煤都"的神东矿区是神华集团公司最主要的煤炭生产基地,也是我国首个产量超亿吨的现代化矿区。这里创造了我国煤炭产业井工矿开采的许多"神话":矿井原煤年产量最高达到 2 110 万吨,综采工作面原煤产量最高达到 1 075 万吨,矿区全员工效达到了 124 吨/工,上述指标均为世界第一;而百万吨死亡率则一直保持在国际最先进水平的 0.03 以下。取得这样成绩的一个重要因素在于引进了高性能、高可靠性和高效率的世界最先进的采掘装备。但长期大量的成套设备进口不仅大大增加了企业生产成本,而且对神华集团乃至中国煤炭工业的未来发展形成了严重制约。神华集团公司 2004 年开始采掘关键装备的本土化研发,先后与中国航天科技集团、郑州煤机集团等采用各种合作方式进行攻关,现在已经研制出了拥有自主知识产权和掌握核心技术的各类采高的液压支架,完全打破了该类产品的国际垄断。2006 年,仅神华集团公司采用本土化研发的液压支架这一项,就节省设备投资 30 多亿元。当时,曾培炎副总理对此项工作做出了重要的批示:神华集团采煤机械国产化形成的经验很具代表性,值得在其他装备专项实施中借鉴。实践证明,只要我们把各方面积极性调动好,加强使用单位、制造企业和科研机构的合作,集中力量攻关,完全可在一些重大技术装备上有所突破,从而推动我国装备制造业整体水平上一个新台阶。曾培炎副总理的一席话,让我们看到我国煤炭行业摆脱增长粗放、资源浪费、事故频发的落后面貌,振兴我国装备制造业的春天已经到来了。

② 神华集团煤电厂锅炉高效安全燃烧技术。这是安全、高效、洁净的燃用神华煤、推动我国电力产业清洁生产和节能减排的重要保障。神华煤是我国最大的动力煤种,也是公认的低灰、低硫、中高发热量的"绿色煤炭",但其存在的灰熔点低、高钙高铁的特点也使燃用神华煤的电厂锅炉易出现结焦积灰等问题。如何更加安全、高效、洁净的燃用神华煤也成了摆在我国电力行业面前的重大课题。而作为主要燃用神华煤的神华企业——国华电力分公司则成了这项技术应用和检验的主战场。经过多年的实践探索和稳步发展,总装机容量1 500万千瓦的国华电力分公司供电煤耗 324 g/kWh,为国内最先进水平,以同年全国平均 366 g/kWh 的供电煤耗计算,就节省标煤 289 万吨。

③ 神华集团煤炭转化技术。重点是煤的直接和间接液化。2000 年 2 月,国家批准神华集团公司投资建设第一个工业化的煤直接液化厂。煤直接液化这项只有德国在"二战"期间曾部分进行工业化生产的技术从一纸技术设想变为现在投资过百亿的示范工程,这是神华集团联合有关单位十几年卧薪尝胆和技术攻关的结果。神华集团还在积极地探索、推进煤间接液化与煤化工项目的进展。2010 年,神华集团公司煤液化与煤化工产品生产能力达到

380 万吨,2020 年达到 3 000 万吨。这将打开我国煤炭清洁开发利用新的产业之门,对保障国家能源供应安全具有重大的战略意义。

(8)法律法规落实与监管执行力度

法律法规不仅提供技术创新所需要的稳定秩序,而且还可以创立一种激励机制。法律是最具权威的一种制度,重要并且合理的政策以实现法律化为目标。国家对技术创新的干预导致了法律在规模和功能上的扩张,从而给法律的稳定与变革、保守与创新、循法与变法提出了新的挑战。在激励技术创新的过程中,如果政府该做的而没做,那么就可能抑制技术创新;不该做的做了,就可能破坏公平竞争的市场秩序。煤炭矿山属典型的资源性行业,煤炭矿山企业价值的优劣往往与矿山资源条件和位置紧密相关而与使用的安全环保等技术并没有直接关系,如果国家相关法律法规没能得到落实,安全与环境监管执行力度不强,煤炭矿山企业,特别是小型煤炭矿山企业就没有足够推动技术创新的动力。

3.3　煤炭矿山技术创新内部影响因素分析

由于煤炭矿山技术创新的特点,技术创新难度越来越大,进行技术创新特别是自主开发,既需要大批高素质、多学科背景的科技人员的共同协作,又需要大量的 R&D(研究与发展)投入和市场开发费用,风险非常大,而且预期收益不确定,这与能源企业追求利益最大化的目标并不完全一致。从专家和学者对技术创新影响因素研究的文献回顾可以看出,技术创新受到企业内在因素和外部环境的双重作用影响,受到主体变量和环境变量的双重变量影响。同时,企业外部的市场、政府等环境因素又会对内部的创新产生激励。这些因素构成一个动力系统共同促进煤炭矿山的技术创新。本节结合煤炭矿山的特点提出了技术创新资金投入水平、企业内部科技人才数量、企业内部技术创新组织及管理机制、员工薪酬水平、企业家对技术创新的重视程度、企业创新文化、员工学习与培训、企业规模与整体实力等影响煤炭矿山技术创新的内部因素。

(1)技术创新资金投入水平

资金是阻碍我国煤炭企业技术创新的主要因素之一,也是最为严重的一个因素。目前我国煤炭矿山技术创新遇到的最大困难,依然是缺少技术创新和创新成果产业化的资金支持和深入研究开发的财力投入,这是许多煤炭企业所难以承受的。由于我国金融市场发展的滞后性和风险投资制度的不完善,致使企业在银行贷款、吸收风险投资公司的资本以及通过股票市场向社会融资方面遇到种种困难,企业的融资能力弱,这是制约企业技术创新的主要瓶颈之一。由于缺乏充足的资金,煤炭企业在技术创新的后续研发和成果的市场转化过程中面临很大困难。

我国现在的实际煤炭采选技术创新资金十分少,有资料显示:国家"863"计划能源领域"十五"期间的投入不到 10 亿元,"973"计划中用于能源技术基础研究的资金约 3 亿元,这和能源建设的巨大投资相比,微乎其微,远远不能满足能源建设的需求。而企业对能源科研的投入也严重不足,此外能源安全关乎国家经济安全,而技术装备自主研发水平在很大程度上决定着能源产业的健康发展。我国煤矿频繁发生事故,已经严重威胁到我国人民群众的生命财产安全。

资金对于煤炭采选技术创新有着至关重要的作用,也是我国当前的一个大问题。我国煤炭采选技术创新系统中需要大量的科研资金,那么这个资金的使用过程又是怎样的呢。煤炭采选技术创新资金的来源主要有这几个:国家和地方财政的科研事业费拨款;科技三项费用;国家、地方和主管部门科技三项费用以外的专项科研费;本单位的经营收入(包括科研合同收入、技术服务收入、其他各项专项收入);向银行申请的贷款;向国家申请的自然科学基金。

我国煤炭技术创新资金主要由我国政府承担,企业和金融贷款承担很少的一部分。这主要是由于行业利润很大,在科研水平低下、投入研发资金很低的情况下仍能取得暴利。而且煤炭属于国家资源,民营企业很少考虑采选率的高低和安全状况。

(2)企业内部科技人才数量

技术创新作为一项高风险、高回报的科研产经营活动,是一家企业实现可持续发展的基础,是一个国家经济持续增长重要的支撑。尤其是在知识经济已见端倪的今天,竞争日趋激烈,任何一种新技术所形成的新产品、新服务都难以持久地占领市场。在某种意义上来说,市场的竞争,不再是价格的竞争,而是非价格的技术创新竞争。处于这样环境之下的民营企业,其生存发展就必须接受时代提出的新的要求。

技术的发展离不开人才的支持,煤炭矿山的持续技术创新对人才的素质和科技人才的规模提出了新的要求。从事技术创新人员不仅应当具有良好的道德素质、丰富渊博的知识,还应当具有创造能力、社交能力与应变能力等各方面的素质,以符合技术创新的要求,适应时代的发展,企业应该是技术创新的主体,煤炭矿山企业内部只有拥有一定数量的科技人才,才能在安全、高效、清洁开采领域不断获得突破。

(3)企业内部技术创新组织及管理机制

企业内部技术创新组织及管理机制就是维持企业创新活动正常进行的内在机能和运转方式。企业创新机制包括激励机制、运行机制和发展机制。企业创新激励机制是企业创新的动力来源和作用方式,是能够推动企业创新实现优质、高效运行并为达到预定目标提供激励的一种机制。一般来讲,企业创新是由市场拉动、科技推动和政策激励三种动力推进的;企业运行机制主要包括创新管理的组织机构、运行程序和管理制度,一个良好的创新运行机制,能够使企业创新活动在正确决策下得以持续不断地高质量、高效率地运行;企业创新发展机制是在创新利润的驱动下,企业充分挖掘利用和发展内部资源并广泛吸纳外部资源,加强人才、技术、资金、信息等资源储备,不断谋求创新发展的机制。

企业建立起有效的创新机制,就能不断地将知识、信息、技术、物质转化为用户满意的产品;就能不断地促进知识的生产、积累、创造、应用和扩散;就能不断地加强信息的传播、交流、加工和扩增;就能不断地提高技术的先进性、创造性、新颖性和实用性;就能不断地刺激关键资源的成长,最终实现资产的增值,并获得强大的竞争优势。

(4)员工薪酬水平

要提高我国煤矿生产的安全水平,提升技术创新能力就要从员工素质上抓起,高素质的员工必须依靠较高的薪酬水平吸引和留住,因此,提高员工的薪酬福利水平,注重聘用高素质人才,对技术、安全知识考核不通过的员工坚决弃用,才能从根本上改善煤炭企业的员工队伍素质水平,提高煤矿安全生产管理制度的执行力,进一步提高煤矿技术的创新能力。

(5)企业家对技术创新的重视程度

企业家技术创新重视程度是指企业经营者的开拓创新精神,是渴求变革、渴望新事物和追求成就感的体现。这种精神不同于企业家的素质,也不同于企业家能力,它是企业家在经营管理企业的特殊环境中形成的、体现其职业特点的、独特的思维方式、思想意识和心理状态。煤炭矿山的技术创新与企业家对技术创新的重视程度是密切联系在一起的,是不可分割的两个概念,作为企业的一种无形资源,企业家在企业技术创新过程中占据着核心位置,企业家的重视是企业技术创新行为的重要影响变量,是企业技术创新中的巨大推动力,对企业技术创新起着至关重要的作用。

煤炭矿山的发展离不开技术创新,从这一角度来说,煤炭矿山的技术创新需要具有创新意识的企业家精神。企业技术创新的特点是不确定性强,从技术创新的全过程包括设想、研发、生产、销售,有许多事先不可控制与难以估计的因素,作为创新性的活动,它不是机械的过程,最终的结果如何实现也很难准确地掌握。因此,为了保证创新的成功,必须有及时、有效、准确地决策。由于企业家的特质,市场敏感性强,善于把握机会,敢于承担风险,在创新风险面前,勇于承担责任,同时在组织中创造勇于创新,敢于失败的文化氛围。企业家通过对市场的超前感悟能力找出问题所在,针对性制定创新计划,确定创新目标和支持创新的政策,确保创新活动的顺利进行。

企业开展技术创新本质上就是对企业现有资源进行重整或再造,以获得市场的竞争优势,打造核心竞争力,而这种资源的重整或再造将不可避免地打破企业原有的组织框架和制度,对利益关系进行重新调整。所以,企业开展技术创新不仅有技术创新本身带来的各种风险,由于利益关系,必然也有来自企业内部和外部的各种干扰和阻碍。如果企业经营者缺乏企业家精神,面对这种风险、干扰和阻力难以产生变革;反之,具有企业家精神的领导者将依靠他的影响力,卓有成效地领导和组织企业技术创新活动,以实现企业追求的目标。企业家精神成为技术创新活动能否成功实施的前提。

(6)企业创新文化

所谓企业创新文化是指在一定的社会历史条件下,企业在创新及创新管理活动中所创造和形成的具有本企业特色的创新精神财富以及创新物质形态的综合,包括创新价值观、创新准则、创新制度和规范、创新物质文化环境等。创新文化是一种培育创新的文化,这种文化能够唤起一种不可估计的能量、热情、主动性和责任感,来帮助组织达到一种非常高的目标。创新文化能引发几十种思考方式和行为方式,在公司内创造、发展和建立价值观和态度,能够唤起涉及公司效率与职能发展进步方面的观点和变化,并且使这种观点与变化得到接受和支持,即使这些变化可能意味着会引起与常规和传统行为一种冲突。创新文化是以一种初始方式,在某一特定时期为了满足创新思想数量最大化的需要而培育的一种行为模式。创新文化是组织内一种奖励创新和鼓励冒险的文化,这种文化能够激励和奖赏杰出工作者,对于快速变化的环境、突然出现的危机和突发情况做出迅速反应。

我国煤炭企业有着自己独有的文化,在当时的环境下企业员工以主人翁的身份投入企业生产建设,奉行拼搏大干,奉献自我的精神。如开滦的"特别能战斗精神",这是国有煤炭企业在经济特定发展阶段形成的文化,这种文化虽然没有系统地提炼和整合,上升到企业文化层面,但是在当时,仍然大大促进着煤炭企业的发展,激励着那一代人奋力地拼搏。由于煤矿安全和环境问题,煤炭矿山企业迫切需要建立创新型的文化,以适应企业发展对技术创新的要求。创新文化为技术创新提供了良好的平台,创立卓越的企业文化,有助于企业长期不断地创新,使企业永葆活力,但创新需要有一定的条件、土壤、氛围,还需要精心培育,因此,企业必须重视创新文化的培育。

（7）员工学习与培训

技术创新过程是一个创新企业不断进行组织学习的过程。在企业的技术创新过程中,员工的学习能力越来越重要,员工学习能够带来创新的氛围,提升绩效、改变企业行为,在学术界基本达成了共识。员工学习通过发展工作队伍中的广泛技能来调整和发展组织效率。员工学习、培训可以影响组织实现创新和新的组织模式。员工学习、培训与组织中的价值观、组织行为等发生相互作用,有助于组织中行为的改变和创新意愿的形成,而技术创新是对企业技术资源整合范式的革新,要求组织成员在思想和行为上的改变,这一改变的顺利与否受到组织学习成效的影响,从而在一定程度上决定着技术创新的成败,组织学习的有效性也成了创新成功的一个实质性因素。高水平的员工学习与培训对技术和创新、效率的提升以及对高水平竞争力至关重要。员工学习与培训从三个维度影响技术创新。首先员工学习与培训影响企业技术创新类型的选择,在实践中,企业通常根据自身技术配备、资金状况、创新能力、企业文化等情况选择技术创新的类型,是选择渐进性创新还是根本性创新;是自主创新、二次创新还是合作创新。在企业技术创新过程中实施组织学习,将会对企业现有的信息和知识资源产生影响,从而改变企业对创新类型的选择。

要提高企业技术创新过程的效率和能力,必须在企业员工学习与培训的过程中构建一个能够有效吸收、保持、共享和转移知识活动的机理。因为技术创新的过程是一个获取、传播、共享与利用知识的组织学习过程。这样借助组织学习,企业建立有利于组织成员彼此进行合作的创造性方式和激励组织成员参与知识共享的机制,企业创新人员可以方便、迅速而广泛地获取所需信息,然后通过知识共享机制逐渐扩散到整个组织当中,以一些成文的形式固化和表达规范化和显性化。由于组织学习形成的创新文化氛围,快速准确地做出科学论断,从而有效地节省创新时间,提高创新效率。

再者员工学习与培训的有效性是创新成功的一个实质性因素。各个阶段的创新决策都面临着各种不确定性,充分、及时、准确的信息沟通可以使创新者减少各种不确定因素,提高创新成功的可能性。创新取得成功,贯穿创新过程始终的是构建良好的信息资源获取、传递和利用机制,也就是要提高组织学习的有效性。员工学习与培训对技术创新的影响如图 3-1 所示。

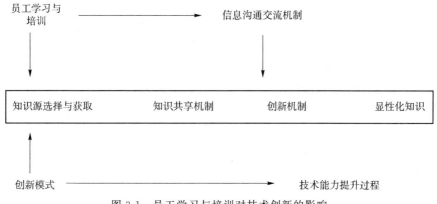

图 3-1　员工学习与培训对技术创新的影响

(8) 企业规模与整体实力

企业规模与整体实力对煤炭矿山技术创新的影响是非线性的,即企业规模与技术创新之间并无明显相关性,经济合作与发展组织(OECD)和英国波尔顿委员会也曾通过调查发现,企业规模与技术创新之间没有固定的规律可循,两者并没有确定的对应关系。但无明显相关性和无确定关系并不表示企业规模对企业技术创新毫无影响,企业规模对企业技术创新的影响主要体现在组织利用创新资源的能力和效率上。

大量事实证明,大型煤炭矿山企业和中小型煤炭矿山企业在技术创新方面各有优势和不足。大型煤炭矿山企业拥有充足的资金、技术、人才等创新资源,具有技术创新的"资源优势",同时能获得较高的技术创新规模效益,即具有技术创新的"规模经济性",但其市场垄断地位和企业组织刚性则会阻碍技术创新的涌现;相反,大量的中小型煤炭矿山企业由于体制的灵活以及竞争的压力,他们往往创新意识非常强,对新的创新机会非常敏感,渴望在产品、工艺或服务上实现重大突破,如河南神火集团、内蒙古伊泰集团等。经营者的锐意进取、内在的灵活性以及对环境变化的迅速反映,使这些中小型煤炭矿山企业具有明显的"行为优势"和"创新活力",但过度竞争及其自身脆弱性使中小型煤炭矿山企业的技术创新难以在一个合理的规模内实现,造成创新资源的浪费和社会福利的损失。

3.4　煤炭矿山技术创新影响因素调查

(1) 问卷说明

问卷正文共包括九个部分。第一部分是被调查煤炭企业的基本情况,包括企业的煤炭产量、煤炭销量、营业收入、利润、成本等;第二部分是被调查煤炭企业的人员结构,包括员工人数、学历划分、职称划分、工作性质划分等;第三部分是被调查煤炭企业的科研资金情况,包括政府机构创新资金、企业创新资金投入等;第四部分是被调查煤炭企业的科研平台情况;第五部分是被调查煤炭企业的技术情况,包括技术创新平均周期、目前采用的典型技术等;第六部分是被调查煤炭企业近3年形成自主知识产权情况,包括授权专利、专利转让、发表学术论文、科研获奖、制定标准等;第七部分是对煤炭企业技术创新影响因素的调查,包括外部影响因素和内部影响因素;第八部分是煤炭企业鼓励发展的设备和工艺技术调查;第九部分是前煤炭企业应该限制发展的设备和工艺技术调查。

(2) 调查方法与问卷发放对象

选择在原国土资源部(现为自然资源部)发布的第三批国家级绿色矿山试点单位和其他典型煤炭企业的领导、中层管理者和技术研发人员,先选择了其中的5个煤炭矿山企业进行问卷探测性发放,共发放问卷45份,回收38份,其中有效问卷37份,问卷的回收率和有效率分别为84%和82%。在探测性问卷回收以后,综合学术团队和各方面意见与在探测性问卷中发现的缺失,从中得到了许多宝贵的意见,去掉信度检验低于0.7的问卷,对调查问卷进行了部分调整,合并或去掉了部分问题,将根据确定的待研究因素,进一步对问项的概念、内容和语义等方面进行修改,进一步降低问卷在填写过程中可能产生的歧义,从而形成正式的调查问卷,详细问卷见附录。2011年9月份到12月份进行正式调查,在这期间共通过邮寄、E-mail等形式发送问卷350份。

为提高问卷的回收率和有效率,我们采取电话、E-mail等形式与调查对象进行联系,解答他们在问卷回答中的疑问,提醒他们及时完成并返回问卷。问卷回收截止日期 2011 年 12 月 30 日,共回收问卷 322 份,其中有效问卷 313 份,问卷的回收率为 92%,问卷的有效率为 89%。

(3) 问卷处理结果和分析

采用克朗巴哈 α 系数进行问卷的内在一致性信度检验,这个指标准确地反映出测量项目的一致性程度和内部结构的良好性。克朗巴哈 α 系数的计算方法是:

① 计算评估项目两两的皮尔逊相关系数并计算这些相关系数的均值,皮尔逊相关系数的计算公式为

$$r = \frac{\sum_{i=1}^{n}(x_i - \overline{x})(y_i - \overline{y})}{\sqrt{\sum_{i=1}^{n}(x_i - \overline{x})^2 \sum_{i=1}^{n}(y_i - \overline{y})^2}} \tag{3-1}$$

式中,r 为皮尔逊相关系数,n 为样本数,x_i 和 y_i 分别为两项目各自的样本值,$\overline{x}$ 和 $\overline{y}$ 分别为两项目各自的样本均值。

② 计算克朗巴哈 α 系数,计算公式为

$$\alpha = \frac{k\overline{r}}{1 + (k-1)r} \tag{3-2}$$

式中,k 为评估项目数,$\overline{r}$ 为 k 个评估项目两两皮尔逊相关系数的均值。克朗巴哈 α 系数取值在 0~1 之间,在评估项目数一定时,其值越接近 1,问卷的内在一致性信度越高,其值越接近 0,问卷的内在一致性信度越低。一般来说,如果克朗巴哈 α 系数大于等于 0.9,则认为问卷内在信度很高,问卷设计得很好;如果克朗巴哈 α 系数大于等于 0.8 而小于 0.9,则认为问卷内在信度可接受,问卷设计得较好;如果克朗巴哈 α 系数大于等于 0.7 而小于 0.8,则认为问卷内在信度不太高,问卷设计存在一定问题但仍有参考价值;如果克朗巴哈 α 系数小于 0.7,则认为问卷内在信度很低,问卷应重新设计。

剔除的克朗巴哈 α 系数是指将某评估项目剔除后剩余项目的克朗巴哈 α 系数,具体计算方法同上。如果剔除某项后的克朗巴哈 α 系数较剔除前的克朗巴哈 α 系数有明显提高,则说明所删除的评估项目与其他项目的相关性较低,正是由于剔除了该项目才使其他项目的总体相关性提高,因此该项目应从问卷中予以剔除。反之,则该项目应予以保留。

经过计算,问卷总体的克朗巴哈 α 系数达到了 0.973,说明该问卷内在信度很高,问卷设计得很好。

通过对有效问卷调查结果的统计分析,我们确定了煤炭行业竞争程度、环境与资源压力、政府支持与推动、金融机构资金支持、法律法规落实与监管执行力度五项外部因素,技术创新资金投入水平、企业内部科技人才数量、企业内部技术创新组织及管理机制、企业家对技术创新的重视程度四项内部因素为煤炭企业技术创新的关键因素。

第4章 煤矿技术创新能力评价体系综述

要评价煤矿企业的技术创新能力,就必须要对其组成因素有深入的了解,这包含定性因素也包含定量因素。要构建煤矿企业技术创新能力评价模型,就要确定其评价属性,这来源于评价的指标体系,如何全面合理地构建指标体系对建模的准确性起到了非常重要的作用。另外,选择评价的方法也非常关键。

4.1 指标体系的设计

绿色矿山是煤炭产业建设的一次伟大变革,是刺激矿业经济发展的一条必经之路。黄敬军、倪嘉曾等人就绿色矿山需要达到的标准,制定了"矿山开采合法化、资源利用高效化、开采方式现代化、采矿作业清洁化、矿山管理规范化、生产安全标准化、内外关系和谐化、矿区环境生态化"的八化原则,按照这个标准构建出绿色矿山考评指标体系,同时提出了具体的实施建议。

4.1.1 指标体系设计原则

技术创新能力的构成受到若干因素的影响,唯有从多方面构建指标体系,才可以对它进行准确反映。煤炭企业与其他企业又有所不同,要对其技术创新做出合理判断,就必须结合煤炭产业特色,采用科学的评价方法来进行评判。通常,评价指标的构成需遵从如下几条原则。

(1)科学性原则

构建指标体系时,各个方面要考虑周到,而且要基于煤炭产业技术创新的本质,所选定的指标应该可以折射出企业科技创新的每个领域,设计的体系才能准确、客观、全面地反映技术创新能力的本质。

(2)可靠性原则

数据来源的可靠是评价结果准确的保证,应尽量从科技年鉴等权威认证文献获取指标。应该从简洁的角度去对指标的构建进行考虑,选择具有代表性、影响力较高的专业综合指标,从而简洁、准确地表述内容。

(3)可比性原则

设计评价指标应将企业纵向比较与横向比较综合到一起考虑。纵向即企业与企业之间比较,纵向即企业于不同时期技术创新能力之间比较。不同企业拥有不同的生产特点和经营方式,企业规模不同,生产水平差距就比较大,用绝对数做比较是行不通的,但可从相对角度来消除影响。指标体系要在横向上保持一致,也要在纵向上保证历年的计算方法和指标范围相同。

(4)可操作性原则

无论其他方面设计得怎样,缺乏操作性都是行不通的,这就要求指标的设计具有可操作性,样本数据可从企业的会计资料及统计年鉴中获取。指标的设计也要相对简单,算法公式同样要求科学合理、利于掌握。

4.1.2　评价指标体系构建

企业的技术创新是一项社会系统工程,其正常运转需要原动力的启动及加速,煤炭企业也同样如此。煤炭行业技术创新能力的高低受很多因素的制约,这既包含定性也包含定量因素。因此,如何合理构建煤矿企业技术创新评价指标是首要问题。

国内外学者在指标设计方面都做了不少的研究,对指标体系的构建也持有不同的看法和意见,但重要的几个指标是公认的:投入能力(人力、财力、物力)、产出能力(新产品销售收入、专利、新产品数量)、管理能力、制造能力、营销能力等。2005 年年末,国家统计局发布报告,指出企业技术创新评价指标体系由四个一级指标和若干二级指标组成。

根据煤炭企业特点建立一级指标,同时为每个指标设计反映各方面参数的若干二级指标。在研究初期,共拟定 22 个二级指标,如表 4-1 所示。经过多次中期研讨、专家评审和修正,最后将指标体系缩减到由 4 个一级指标和 10 个二级指标组成,如表 4-2 所示。

表 4-1　煤炭企业技术创新能力评价指标体系

评价对象	一级指标	二级指标	备注
煤矿企业技术创新能力	技术创新资源能力(A_1)	A_{11}产值利税率(%)	利税总额/企业总产值
		A_{12}企业个人平均利税额(元)	利税总额/总的员工人数
		A_{13}全员劳动生产率(%)	
		A_{14}参与科技活动人数(人)	
	技术创新投入能力(A_2)	A_{21}科技活动筹集经费(万元)	
		A_{22}科技活动支出经费(万元)	
		A_{23}新技术研发支出经费(万元)	
		A_{24}技术改造支出经费(万元)	
		A_{25}购买和消化技术支出经费(万元)	
		A_{26}R&D 经费投入强度(%)	R&D 经费/销售总收入
		A_{27}R&D 人员占科技活动人员的比例(%)	R&D 人员/科技活动人员数
	技术创新产出能力(A_3)	A_{31}新产品盈利比例(%)	新产品销售收入/销售总收入
		A_{32}专利申请数(项)	
		A_{33}拥有发明专利数(项)	
		A_{34}企业利税率(%)	利税总额/销售收入
		A_{35}企业总产值(万元)	
		A_{36}企业总产值增加值率(%)	
	技术创新环境支持能力(A_4)	A_{41}地方财政科技拨款比例(%)	财政拨款/财政总收入
		A_{42}科技活动经费占 GDP 比例(%)	科技支出经费/GDP
		A_{43}政府投入资金占科技活动经费比例(%)	政府投入资金/科技活动经费总额
		A_{44}科技活动人员的比例(%)	科技活动人员/企业总人数
		A_{45}企业中参与科技活动的部门比例(%)	

表 4-2　煤炭企业技术创新能力评价指标体系

一级指标	二级指标	备注
A₁技术创新资源能力	A₁₁年利税额（万）	年利税总额
	A₁₂参与科技活动人数（人）	技术管理及科研人员总数（中级职称以上）
A₂技术创新投入能力	A₂₁科技创新投入强度（％）	年科研经费/销售总收入
	A₂₂环境与生态治理投入强度（％）	年环境治理费用/销售收入
	A₂₃员工学习培训支出强度（％）	年学习培训支出/销售总收入
A₃技术创新产出能力	A₃₁标准与专利数量（项）	年国家级标准及专利数量
	A₃₂科技奖励数量（项）	年省部级以上奖励数
	A₃₃技术创新收益（万）	年技术输出转让费（技术创新新增产值）
A₄技术创新环境支持能力	A₄₁外部科研经费比例（％）	年外部科研经费/科研经费
	A₄₂所在地科技活动经费占 GDP 比例（％）	年所在地（县级）科技支出经费/GDP

4.2　传统评价方法研究

4.2.1　几种常见评价方法

1. 层次分析法

层次分析法（Analytic Hierarchy Process，AHP）是在 20 世纪 70 年代，由美国运筹学家、匹兹堡大学的 Saaty Th.L.教授提出的，AHP 将决策问题按照最上层、中间层及最下层的层次进行分解，通常最上层是目标层、中间层是准则层、最下层是方案层。然后，在分解好的层次模型上展开定性、定量研究。AHP 是现实中决策评价系统的典型运用。

在运用层次分析法进行决策或评价问题时，首先分析系统中各大要素间的联系，构建系统递阶结构；然后对同层次的各单元对于上层层次中某个单元的重要性展开两两对比，建立判断矩阵，计算一致性检验；最后由判断矩阵来得出被比较的元素关于该单元的相对权重，得出各层元素对总目标的综合排序，计算权重。

2. 模糊综合评价法

模糊综合评价法（Fuzzy Comprehensive Evaluation，FCE）是对受多种因素影响的问题做出综合评价，从定性到定量转化，主要应用了模糊数学隶属度理论。

实现步骤如下。

（1）确定综合评判因素集

$$U=\{u_1,u_2,\cdots,u_m\} \tag{4-1}$$

式中，U 为被评价模糊对象，$u_i(i=1,2,\cdots,m)$ 为评价对象包含的全部因素。

（2）建立评价集

$$V=\{v_1,v_2,\cdots,v_n\} \tag{4-2}$$

式中，V 为评语集，一般为 3 到 5 个等级。

（3）建立从 U 到 V 的因子模糊关系矩阵

$$R=(r_{ij})_{m\times n}=\begin{pmatrix} r_{11} & r_{12} & \cdots & r_{1n} \\ r_{21} & r_{22} & \cdots & r_{2n} \\ \vdots & \vdots & & \vdots \\ r_{m1} & r_{m2} & \cdots & r_{mn} \end{pmatrix} \tag{4-3}$$

式中，$r_{ij}\in[0,1]$，为第 i 个因子 u_i 对第 j 个评价集 v_j 的隶属度。

（4）计算各因素的权重

$$A=(a_1,a_2,\cdots,a_m)，其中 \sum_{i=1}^{n}a_i=1 \tag{4-4}$$

（5）综合评判

$$B=A\times R=(a_1,a_2,\cdots,a_m)\times\begin{pmatrix} r_{11} & r_{12} & \cdots & r_{1n} \\ r_{11} & r_{12} & \cdots & r_{1n} \\ \vdots & \vdots & & \vdots \\ r_{11} & r_{12} & \cdots & r_{1n} \end{pmatrix}=(b_1,b_2,\cdots,b_m) \tag{4-5}$$

3. 数据包络分析法

数据包络分析法（Data Envelopment Analysis，DEA）是由著名运筹学家 A.Charnes、W.W.Cooper 和 E.Rhodes 在 1978 年首次提出的。它将相对效益作为整体评价准则，用决策单元的输入输出权重作为变量，以对有益于评价的方面进行分析。数据包络法的步骤如下。

（1）选择决策单元。决策单元指的是投入一定生产成分后，会生成一定产出的系统。由于 DEA 只能对同样类型的单元进行有效评价，所以选择时也要选择同样类型的单元。

（2）构建指标体系。设计时需考虑评价目标是否够被全面反映。

（3）选择可靠的数据并对其标准化处理。

（4）选定 DEA 模型展开相关计算并分析评定结果。

4. 主成分分析法

主成分分析法（Principal Component Analysis，PCA）通过减少维度分析变量之间相互影响及关联特性，最终提取若干具有独立性、承载原始变量信息的变量。

首先，算法对原始数据进行标准化处理，避免样本单位不同带来不必要的影响；其次计算无量纲矩阵的相关系数阵，由相关系数阵或协方差阵求的特征向量与特征值，确定主成分具体个数；最后，计算主成分分值和综合评定值。

4.2.2　传统评价方法存在的问题

层次分析方法对评价指标的权重确定比较容易，但对评价因素之间的线性关系要求严格，而且不同专家可能给出不同的判断矩阵，其合理性难以确定；模糊综合评价法可获得评价对象的等级关系，但不同的评判专家给出的判断矩阵不一致，会影响到最终的评价结果；数据包络分析法的局限性在于对随机因素无法处理，而且极值造成影响会很大；主成分分析法需要大量的数据，计算过程会比较复杂，指标权重会随不同评价对象改变而改变，从而影响综合评价值，它把指标间的联系假设为线性，这样就造成了评价结果的误差。因此，后续会有神经网络法、粒子群优化神经网络等方法。

第5章 基于遗传神经网络的技术创新能力评价

5.1 评价指标体系

国内外学者在设计指标体系方面做了不少的研究。尽管各自对评价指标体系的构建有不同看法和意见，但以下几个重要指标是大多数人都认同的：创新投入能力（包括财力、物力、人力的投入），创新产出（包括专利、新产品的数量和新产品的销售收入），创新基础条件，还有创新管理能力、制造能力、研发能力、营销能力等。国家统计局在 2005 年年末发布的相关报告中指出企业技术创新能力评价指标体系由四个一级指标（分别为创新资源基础、创新环境支持、创新活动及创新产出）和若干个二级指标组成。

在对前人研究的基础上，根据煤矿企业自身具有的特点，我们认为进行技术创新活动的基础是固有的资源条件，没有固定的资源条件企业很难进行技术创新活动，有了创新的基础然后需要对技术创新活动进行各方面的投入，投入之后需要检验产出的效果，这就有了创新产出能力指标，另外，对企业技术创新能力产生很大影响的是创新资金保障。因此，创新资源基础，创新投入、创新产出、创新资金保障是一个较为完善的评价体系，能够比较完整地对企业技术创新能力进行评价，因此，我们就从以上 4 个方面来建立煤矿企业技术创新评价一级指标，同时又为每个一级指标设计了能反映各方面的多个二级指标，因此，整个指标体系由 4 个一级指标和 22 个二级指标构成，如表 5-1 所示。

表 5-1　煤炭企业技术创新能力评价指标体系

评价对象	一级指标	二级指标	备注
煤矿企业技术创新能力	技术创新资源能力（A_1）	A_{11} 产值利税率（%）	利税总额/企业总产值
		A_{12} 企业个人平均利税额（元）	利税总额/总的员工人数
		A_{13} 全员劳动生产率（%）	
		A_{14} 参与科技活动人数（人）	
	技术创新投入能力（A_2）	A_{21} 科技活动筹集经费（万元）	
		A_{22} 科技活动支出经费（万元）	
		A_{23} 新技术研发支出经费（万元）	
		A_{24} 技术改造支出经费（万元）	
		A_{25} 购买和消化技术支出经费（万元）	
		A_{26} R&D 经费投入强度（%）	R&D 经费/销售总收入
		A_{27} R&D 人员占科技活动人员的比例（%）	R&D 人员/科技活动人员数

评价对象	一级指标	二级指标	备注
煤矿企业技术创新能力	技术创新产出能力(A_3)	A_{31}新产品盈利比例(%)	新产品销售收入/销售总收入
		A_{32}专利申请数(项)	
		A_{33}拥有发明专利数(项)	
		A_{34}企业利税率(%)	利税总额/销售收入
		A_{35}企业总产值(万元)	
		A_{36}企业总产值增加值率(%)	
	技术创新环境支持能力(A_4)	A_{41}地方财政科技拨款比例(%)	财政拨款/财政总收入
		A_{42}科技活动经费占 GDP 比例(%)	科技支出经费/GDP
		A_{43}政府投入资金占科技活动经费比例(%)	政府投入资金/科技活动经费总额
		A_{44}科技活动人员的比例(%)	科技活动人员/企业总人数
		A_{45}企业中参与科技活动的部门比例(%)	

5.2　神经网络评价法适用性分析

传统评价方法受主观或人为因素影响比较大,而且要求评价指标间具有良好的线性关系。但实际中,煤炭企业技术创新的影响因素较多,而且各自的影响程度还有所差异,因此很难用一个数学模型去进行评价,煤炭企业技术创新评价实质是一个非线性的综合决策问题,因此运用传统方法对其进行评价就显得不够合理。

近年来,人工神经网络的出现,为企业技术创新能力评价提供了新的方法。它可以很好地逼近任意非线性关系,通过不断地训练和学习,从大量未知模式的复杂数据中提取一定的规律,特别是对任意类型的数据它都能够处理。同时它不像模糊综合评判法、层次分析法等方法带有明显的主观臆断,只需将通过预处理的数据输入到事先训练好的网络中,通过计算就可以输出结果,不用人为确定权重。因此,将人工神经网络的理论应用于企业技术创新能力的评价体系中,不仅解决了传统评价过程中建立复杂数学解析表达式和数学模型的问题,而且还可以避免传统方法中的人为因素影响,使得评价结果更加合理准确。由此可见,采用神经网络方法来构建企业技术创新能力评价模型,是比较行之有效的方法。

5.3　遗传神经网络评价模型

5.3.1　数据来源

本节是以全国 11 个煤矿企业作为样本,评价指标数据一方面从《科技年鉴》相关统计中获得,另一方面来源于对煤矿企业的实际调研,总共 11 组值。实验时,用其中 8 组数据对遗传神经网络评价模型进行训练,另外 3 组则用作对评价模型进行测试仿真。

5.3.2 数据标准化处理

在使用学习样本对 BP 神经网络进行训练前,必须对数据进行归一化处理。这是因为采集到的实际数据可能会因为单位的不同而使得数值相差很大,如果不进行归一化处理,大数值信息就可能会覆盖小数值信息。目前,一般是将输入数据归一化到[0,1]之间。归一化方法包括最大最小值法、指数法等方法。本节采用较常用的最大最小值法对数据进行归一化处理,该方法是对数据进行线性变换的处理,因此对数据原始信息保留得较好,不会丢失信息。其变换公式如下:

$$y_i = 0.1 + \frac{x_i - x_{\min}}{x_{\max} - x_{\min}} \times (0.9 - 0.1) \tag{5-1}$$

式中,y_i 表示标准化后数据,x_i 表示输入量,$x_{\min}$ 表示输入量中的最小值,$x_{\max}$ 表示输入量中的最大值。

用上述方法对原始数据处理后的结果如表 5-2 所示。

表 5-2　全国 11 个煤炭企业技术创新能力归一化处理后的评价指标数据

指标	分指标	全国 11 个煤炭企业技术创新能力归一化处理后的评价指标数据										
		1	2	3	4	5	6	7	8	9	10	11
技术创新资源能力 B₁	B_{11}	0.101	0.249	0.414	0.748	0.743	0.586	0.756	0.901	0.889	0.773	0.794
	B_{12}	0.101	0.112	0.147	0.233	0.255	0.266	0.394	0.567	0.587	0.763	0.901
	B_{13}	0.101	0.128	0.155	0.209	0.232	0.283	0.361	0.513	0.618	0.755	0.901
	B_{14}	0.164	0.481	0.687	0.481	0.416	0.394	0.101	0.117	0.275	0.299	0.901
技术创新投入能力 B₂	B_{21}	0.101	0.112	0.107	0.205	0.245	0.272	0.465	0.531	0.808	0.672	0.901
	B_{22}	0.101	0.108	0.108	0.195	0.231	0.261	0.433	0.533	0.776	0.668	0.901
	B_{23}	0.101	0.128	0.126	0.188	0.187	0.237	0.372	0.189	0.901	0.649	0.801
	B_{24}	0.212	0.109	0.162	0.154	0.228	0.355	0.561	0.679	0.762	0.569	0.901
	B_{25}	0.415	0.208	0.331	0.325	0.454	0.581	0.337	0.451	0.901	0.238	0.101
	B_{26}	0.138	0.131	0.101	0.405	0.508	0.491	0.799	0.778	0.901	0.497	0.513
	B_{27}	0.101	0.221	0.849	0.839	0.375	0.453	0.476	0.291	0.901	0.872	0.696
技术创新产出能力 B₃	B_{31}	0.101	0.246	0.109	0.631	0.385	0.296	0.631	0.901	0.455	0.425	0.328
	B_{32}	0.101	0.198	0.197	0.183	0.283	0.238	0.362	0.611	0.418	0.628	0.901
	B_{33}	0.101	0.405	0.522	0.176	0.269	0.382	0.522	0.698	0.209	0.326	0.901
	B_{34}	0.128	0.103	0.368	0.725	0.727	0.515	0.703	0.901	0.696	0.755	0.802
	B_{35}	0.101	0.116	0.126	0.146	0.158	0.197	0.254	0.346	0.486	0.648	0.901
	B_{36}	0.102	0.223	0.313	0.484	0.435	0.328	0.287	0.901	0.885	0.717	0.775
技术创新环境支持能力 B₄	B_{41}	0.378	0.168	0.266	0.459	0.203	0.251	0.319	0.901	0.221	0.202	0.101
	B_{42}	0.102	0.108	0.101	0.336	0.387	0.405	0.708	0.693	0.901	0.598	0.673
	B_{43}	0.893	0.596	0.901	0.678	0.362	0.476	0.282	0.844	0.101	0.259	0.123
	B_{44}	0.101	0.326	0.538	0.542	0.566	0.668	0.562	0.567	0.597	0.618	0.901
	B_{45}	0.487	0.508	0.741	0.901	0.107	0.101	0.456	0.492	0.598	0.339	0.417

考虑到训练样本和测试样本的数量,将全部22个二级级指标转变为4个一级指标作为神经网络的输入,其结果如表5-3所示。

表 5-3　二级指标转化后的一级指标数据

一级指标	数据										
	1	2	3	4	5	6	7	8	9	10	11
创新基础	0.117	0.242	0.350	0.418	0.404	0.382	0.403	0.525	0.592	0.648	0.874
创新投入	0.167	0.145	0.256	0.331	0.318	0.379	0.491	0.493	0.851	0.595	0.688
创新产出	0.106	0.215	0.278	0.391	0.376	0.326	0.459	0.726	0.525	0.583	0.768
创新环境	0.390	0.341	0.501	0.583	0.325	0.381	0.465	0.699	0.484	0.403	0.443

5.3.3　层次分析法确定权重

层次分析法是由美国的萨蒂教授在 20 世纪 70 年代初第一次提出来的,属于层次权重决策方法。它将决策问题按照最高层、中间层及最底层的层次进行分解。通常,最高层是目标层,中间层为准则层,最底层为方案层。然后,在分解好的层次基础上进行定性和定量分析。

层次分析法的步骤如下。

(1)建立层次结构模型

将实际问题中的各个因素按照不同性质进行层次结构的分解。最上面一层为目标层,一般只包括 1 个因素,中间层为准则层,通常由一个或若干个层次组成,最下面一层则为对象或方案层。

(2)构造判断矩阵

假设上层因素为 a,其下层因素包括 $a_1, a_2, \cdots, a_n$。当这些下层因素对上层因素 a 的决定性可以直接数量化时,那么每一个 a_i 对 a 的决定性即权重也可以得以确定。但在实际的决策系统问题中,直接确定下一层元素对其上一层元素的权重是比较困难的,这时,可以使用相对标度法即 1～9 标度法来进行分析,如表5-4所示。

表 5-4　判断矩阵 1～9 标度及具体含义

标　度	含　义
1	两因子对比,两者的重要性相同
3	两因子对比,一个较另一个略微重要
5	两因子对比,一个较另一个明显重要
7	两因子对比,一个较另一个强烈重要
9	两因子对比,一个较另一个极端重要
2,4,6,8	介于{1,3,5,7,9}之间
倒数	因子 i 与 j 的判断为 a_{ij},则 $a_{ji} = 1/a_{ij}$

判断矩构造图如图 5-1 所示。

C_k	C_1	C_2	$\cdots$	C_n
C_1	C_{11}	C_{12}	$\cdots$	C_{1n}
C_2	C_{21}	C_{22}	$\cdots$	C_{2n}
$\vdots$	$\vdots$	$\vdots$		$\vdots$
C_n	C_{n1}	C_{n2}	$\cdots$	C_{nn}

图 5-1 判断矩阵构造图

其中，$C_{ij}>0$，$C_{ij}=1/C_{ji}(i\neq j)$，$C_{ij}=1(i,j=1,2,\cdots,n)$。

（3）进行层次的单排序及一致性检验

该步骤是指计算当前层与上一层某元素具有某种相关性元素的重要性次序权值，该计算是按照判断矩阵来进行的。由于人们理解上的差别性、客观存在事物的多样性，可能会造成不符合逻辑的情况。为了确保运用层次分析法进行相关计算和分析后的结果是正确合理的，就需要检验判断矩阵的一致性，如式（5.2）所示。

$$CI=\frac{\lambda_{\max}-n}{n-1} \tag{5-2}$$

平均一致性指标 RI 的值如表 5-5 所示。

表 5-5 平均一致性指标 RI 的值

1	2	3	4	5	6	7	8	9
0.00	0.00	0.58	0.90	1.12	1.24	1.32	1.41	1.45

当

$$CR=\frac{CI}{RI}<0.10 \tag{5-3}$$

时，则层次单排序结构拥有较好的一致性，否则要对判断矩阵重新进行赋值调整。

（4）层次总排序

计算各层元素对最高层的合成权重。计算时采取自上而下的策略，对每一层都进行运算，最后就可以计算出最下面一层的每个元素对于系统总目标层即最高层的合成权重。

（5）依据计算结果，制定相应对策

根据以上原理，权重的评判本章采用专家评判的方法，这种方法虽然带有一定的主观性，但确实是国际上普遍采用的方法。最后算得全国 11 家煤矿企业技术创新能力评价值为：[0.223 0.392 0.567 0.634 0.496 0.512 0.638 0.816 0.764 0.712 0.961]。

为了更直观地了解评价结果，根据专家的意见我们将评价结果设为 5 个等级：好、较好、一般、较差、差。设定最高分和最低分，如 x 和 y，可用如下原则评价（x 表示最后得分）：$x<0.3$，差；$0.3\leq x<0.5$，较差；$0.5\leq x<0.7$，一般；$0.7\leq x<0.9$，较好；$x>0.9$ 好。

5.3.4　遗传神经网络评价模型的训练及仿真测试

目前,MATLAB 在工业界和学术界的应用十分广泛,它可以进行复杂的矩阵计算、数据分析以及对信号进行处理,功能十分强大,适用于很多领域,而且界面十分友好,为用户提供了一个简便的使用环境。与 BASIC、FORTRAN 和 C 等编程语言相比,它的程序更易于阅读并且对程序的调试也较其他语言更为简单,当用户在其中运行较为繁杂的矩阵程序时,更能体会到它带来的便捷之处。同时,由于 MATLAB 拥有强大的影响力和扩展功能,MATLAB 包括许多专用工具箱,如神经网络工具箱、遗传算法工具箱,在此环境下,用户只需要根据实际情况调用对应的函数即可实现特定的功能,而不用从头编写应用程序。综上所述,MATLAB 高性能的计算能力、高质量的 GUI 设计、灵巧的程序设计、与其他多种语言的程序接口,使之在可视化软件领域占有重要的地位,本章所有的仿真都是在 MATLAB 7.1 的环境下完成的。

1. 遗传神经网络评价模型训练

(1) 神经网络和遗传算法参数设置

神经网络训练参数:网络均方差赋值 0.000 01,最大迭代次数赋值 15 000 次,学习速率为 0.03,输入层到中间层使用 Sigmoid( )传递函数,中间层到输出层使用 Purlin( )传递函数。

遗传算法参数:初始群体数设置为 30,遗传迭代次数设为 300,遗传优化准则为连续若干代后个体适应度函数值没有太大变化时,则停止迭代。

(2) BP 神经网络相关函数的选择

网络建立:网络建立工作是由函数 newff( )来完成,隐含层节点个数以及隐含层的层数、隐含层及输出层的激活函数、学习函数需要由用户自己根据实际情况来确定。

网络初始化:网络的初始化工作是由 init( )函数来完成的,采用 NET＝init(net)的方式来对其进行调用。其中,NET 表示返回函数,代表已经初始化后的神经网络,net 则表示未初始化网络。另外,神经网络各层权值和阈值的最初赋值工作也是由 init( )函数来自动完成的,初始化时它会依照缺省的参数来进行。

网络训练:本章使用 trainlm( )函数来实现,它对应于 LMBP 算法,它根据训练样本的输入矢量 P、目标矢量 T 和预先设置好的控制参数,对网络进行训练。

网络测试仿真:Sim( )函数具有测试仿真的功能,在网络训练好之后,就可以使用测试数据来对其进行仿真演算。

(3) BP 神经网络连接权值和阈值的优化

根据第 4 章评价模型的构建,本章先使用遗传算法优化 BP 神经网络的权值和阈值,然后再将优化后的新值作为 BP 神经网络训练时的连接权值和阈值,这样不仅可以加快收敛速度,还可以缩小网络误差。以所有的个体以适应度函数值即网络均方差的倒数为标准,选取一个最佳个体来赋值给 BP 网络的初始权值和阈值。利用遗传算法来优化神经网络的权值和阈值的核心代码如下:

```
M = size(P,1);
Q = size(T,1);
L = M* N+N* N+N+Q;
aa = ones(L,1)* [- 1,1];
popunum = 30;                              % 初始种群大小
initpopu = initializega(popunum,aa,' gabpEval' );   % 种群初始化
iterations = 300;                          % 进化最大代数
```

```
[x.endPop.bPop.t race]=ga(aa. ' gabpEval' :[]:initPpp.[1e- 6 1 1]: ' maxGenTerm' .gen....
' normGeomSelect' :[0.09]:[' arithXover ']:[2]:' nonUnifMutation' :[2 gen 3]);
    %W1 编码,长度为 M* N
    for k=1:N
        for j=1:M
            W1(k,j)=x(M* (k- 1)+j);
        end
    end
    % W2 编码,长度为 N* Q
    for k=1:Q
        for j=1:N
            W2(k,j)=x(N* (k- 1)+j+M* N);
        end
    end
    % B1 编码,长度为 Q
    fork=1:N
        B1(k,1)=x((M* N+Q* Q)+k);
    end
    %B2 编码,长度为 Q
    For k=1:Q
        B2(i,1)=x((M* N+N* Q+N)+k);
    end
    %计算隐含层与输出层的输出
    O1=tansig(W1* P,B1);
    O2=purelin(W2* O1,B2);
    %计算网络均方差
    Mse=sumsqr(T- O2);
    %计算个体的适应值
    adaVal=1/Mse;
```

其中,M 表示网络输入层单元数、Q 表示输出层单元数、N 表示隐含层的单元数,L 表示基因编码长度。GabpEval( )函数在遗传算法中主要是实现计算个体适应度值的功能。

模型训练的具体过程是:读入训练数据和训练目标数据,在5.1节中设计的神经网络结构基础上,设置好迭代次数、误差精度及学习速率等相关参数就可以对模型进行训练。模型训练好之后,再读入测试数据,以验证模型的准确性。本章将表格 5-2 中的其中 8 组数据拿

来对网络进行训练,另外的 3 组数据则用来对网络进行测试,采用 trainlm 作为学习算法,主要代码如下所示。

```
P=load(' input.txt' );                              % 加载输入数据文件
T=load(' output.txt' );                             %加载目标数据文件
net=newff(minmax(p1),[10,1],{' tansig ',' purelin' },' trainlm' );   %创建 BP 神经网络
net.trainparam.epochs=10000;                        %最大迭代次数
net.trainparam.goal=0.00001;                        %网络均方差精度
[W1,B1,W2,B2,adaVal]=gadecod(x);                    %从编码 x 中解码出最优的权值和阈值
net.IW{1,1}=W1;
net.LW{2,1}=W2;
net.b{1}=B1;
net.b{2}=B2;
net=train(net,p,t);                                 % 实现 BP 网络的训练
y=sim(net,p);                                        % 实现 BP 网络的仿真
e=t- y;                                              %获取网络误差
res=norm(e);
figure(3);
plot(e,' - *' );                                    %绘制网络误差曲线
figure(4);
plot(t);                                            %绘制实际输出和期望输出曲线
hold on
plot(y,' r+' );
MSE=mse(e);
```

传统 BP 神经网络模型的网络均方差的变化过程如图 5-2 所示。

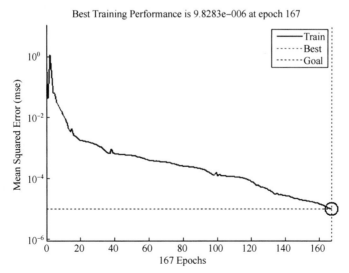

图 5-2　传统 BP 神经网络模型的网络均方差的变化过程

遗传算法优化 BP 网络权值及阈值后均方差的变化过程如图 5-3 所示。

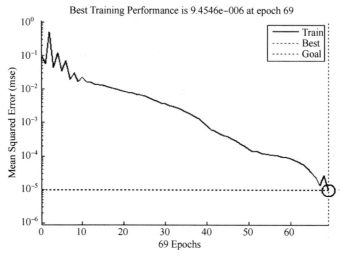

图 5-3　遗传算法优化 BP 网络权值及阈值后均方差的变化过程

从图 5-2 和图 5-3 对比可知：传统 BP 网络在迭代了 167 次后，网络均方差达到了精度要求，其值为 0.000 009 828 3；利用遗传算法优化后的 BP 神经网络在迭代了 69 次后，网络均方差达到了精度要求，其值为 0.000 009 454 6。由此可见，在同样的精度要求下，遗传神经网络模型的收敛速度更快，并且最终网络均方差更小。

遗传神经网络训练实际输出与期望输出对比如图 5-4 所示。

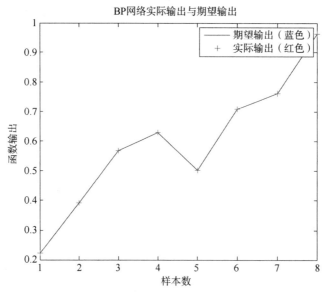

图 5-4　遗传神经网络训练实际输出与期望输出对比

图 5-4 中，蓝线代表期望输出，红色'＋'则代表网络实际输出，由图可知，实际输出与期望输出值拟合得较好，训练样本的准确程度比较高，达到预期要求。

遗传神经网络训练网络预测误差值图如图 5-5 所示。

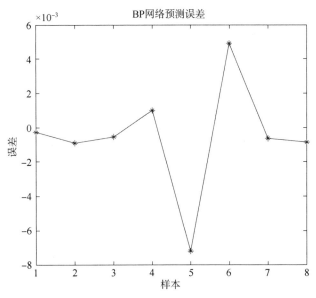

图 5-5 遗传神经网络预测误差值图

网络训练后的期望评价值与实际评价值对照表如表 5-6 所示。

表 5-6 期望评价值与实际评价值对照表

训练样本编号	期望评价值	期望评价等级	实际评价值	实际评价等级
1	0.223	差	0.223 001 046	差
2	0.392	较差	0.392 001 976	较差
3	0.567	一般	0.566 998 820	一般
4	0.634	一般	0.634 002 794	一般
5	0.496	较差	0.496 001 707	较差
6	0.712	较好	0.712 001 510	较好
7	0.764	较好	0.763 999 431	较好
8	0.961	好	0.961 001 861	好

由表 5-6 可知神经网络的实际评价值与期望评价值很逼近,说明评价模型的设计和训练是比较成功的。

2. 遗传神经网络评价模型仿真测试及结果分析

为了验证评价模型的可靠性和准确性,本章将另外的 3 组指标数据作为测试数据,输入训练好的神经网络,便可得到实际输出值,实际输出值与期望输出值如表 5-7 及表 5-8 所示。

表 5-7 BP 测试期望评价值与实际评价值对照表

测试样本编号	期望评价值	期望评价结果	实际评价值	实际评价结果	误差率
1	0.512	一般	0.545 155 584	一般	6.475 7%
2	0.638	一般	0.691 261 643	一般	8.348 8%
3	0.816	较好	0.844 271 136	较好	3.464 6%

表 5-8 GA-BP 测试期望评价值与实际评价值对照表

测试样本编号	期望评价值	期望评价结果	实际评价值	实际评价结果	误差率
1	0.512	一般	0.530 364 416	一般	2.472 0%
2	0.638	一般	0.653 771 363	一般	3.586 8%
3	0.816	较好	0.853 463 376	较好	4.591 1%

　　在通过遗传算法对神经网络进行优化后,尽管无法保证每个评价结果都优于 BP 神经网络的评价结果,但是总体的准确率有了一定的提高,这说明遗传算法对神经网络提高训练精度是有效果的。

第6章　基于 DEA 的技术创新相对能力评价

6.1　煤炭矿山技术创新能力内涵及构成

6.1.1　煤炭企业技术创新能力的内涵

技术创新能力的内涵十分丰富。依据对技术创新能力不同侧面的理解与强调,使得对技术创新能力的描述多种多样。目前,针对这一领域,国内外学者已做了大量研究,具有代表性的观点主要有:基于能力本体论的观点、基于企业发展战略的观点、基于与环境关系的观点、基于技术创新资源要素的观点、基于创新过程的观点和基于技术创新阶段性差异的观点等。

（1）基于能力本体论的观点

该观点认为企业的技术创新能力是一系列能力的集合体,各项能力的合理配置和相互协调共同构成了企业技术创新能力。该观点重视研发在技术创新能力中的核心作用,认为研发是技术创新能力激活的关键。技术创新能力包括:组织能力、适应能力、创新能力和技术与信息的获取能力。技术创新能力是企业开发新产品和新工艺所有的资源和才能,这包括科研能力、工艺创新能力、产品创新能力、美学设计能力。

（2）基于企业发展战略的观点

从企业发展战略角度出发,企业技术创新能力应该是便于组织支持企业技术创新战略的一系列综合特征,包括"可利用资源及分配、对行业发展的理解能力、对技术发展的理解能力、结构和文化条件、战略管理能力的组合"。将技术创新能力与企业战略联系起来,强调技术创新能力对企业战略的支撑作用,同时也指明了企业战略对技术创新能力的指导作用。

（3）基于与环境关系的观点

该观点不只是从企业内部理解技术创新能力,更注重外部环境与企业间的交互作用对技术创新能力的影响。企业技术创新能力的获得,除了取决于自身条件外,还在一定程度上受制于企业所处环境。

（4）基于技术创新资源要素的观点

该观点重视人力资源在技术创新能力融合中的作用,指出人力资源是激活企业技术创新能力的关键。从技术创新资源要素角度,应同时强调技术人员、高级技工的技能、技术系统能力、管理能力以及员工价值观对企业技术创新能力的影响,强调这些能力之间的整合状态决定最终的技术创新能力。此观点的不足在于过分强调创新过程中人的重要性而忽视了制度、环境和企业整体能力等因素的综合作用。

（5）基于创新过程的观点

该观点认为企业技术创新能力是一个由若干要素构成的综合性的能力系统,是各种要素和过程的总和。此观点具有整体性、系统性的特点。创新是一个过程,其中包括研究开发、设计与工业化、采购、供应、制造、销售和企业总体管理。

(6)基于技术创新过程的观点和基于技术创新阶段性差异的观点

该观点认为技术创新能力不是一成不变的,而是随着时间的推移呈现不同特点,即技术创新能力具有动态性。

上述观点虽然从不同角度反映了技术创新能力的影响因素,但都明确指出技术创新能力不是单一的能力,而是多种能力要素的组合。它受多方面的影响,包括企业自身和外部环境的共同作用。综上所述,本章结合煤炭企业技术创新过程的特点,从能力评价角度认为,煤炭企业技术创新能力是煤炭企业产生新思想、新概念、新技术并运用研究与开发、生产与加工、管理与组织能力实现新突破以促进和支持技术创新战略的一种综合能力。它即是企业自身的能力,又强调人力资源的作用和外界环境的影响,是与企业发展战略相协调的一种动态能力。煤炭企业技术创新能力包括科技研发能力、资源开采能力、组织管理能力和财务能力。

6.1.2 煤炭企业技术创新能力的基本构成

技术创新能力的构成是指技术创新能力的基本要素及组合方式,它是一种总体功能,从不同角度来分析,其构成要素也不相同。本章从煤炭企业技术创新能力的内涵出发,结合煤炭企业技术创新能力的主要影响因素将技术创新能力分解为科技研发能力、资源开采能力、组织管理能力和财务能力四个部分。

(1)科技研发能力可由创新资源投入与配置的结果表示,包括基础研究、应用研究和开发研究。基础研究是为获得关于煤矿安全、高效、清洁开采基本原理的新知识而进行的实验性或理论性工作,它是为科学进步而进行的初步探索性研究项目,不以任何专门或特定的应用或使用为目的,没有特定的商业目的;应用研究主要是为获得新知识而进行的创造性研究,它主要针对煤炭开采加工领域某一特定的实际目标,即它有明确的商业目的,其研究对象必须是煤炭产品或开采工艺;开发研究是利用从基础研究、应用研究和实际经验获得的现有知识,为生产新的产品和装置,建立新工艺、系统和服务,以及对已生产和建立的上述各项进行实质性改进而进行的系统性工作,其目的是把研究所取得的发现或一般的科学知识应用于产品或工艺。衡量煤炭企业科技研发能力可以分别衡量企业的基础研究、应用研究和开发研究能力。主要评价指标包括:研发平台数量、科技奖励数量、学术论文数量、标准与专利数量、技术输出收益。

(2)资源开采能力是指将研究成果转化为符合安全、高效、清洁要求的可持续的煤炭资源开采加工能力。它主要包括开采效率能力、安全清洁生产能力和配套能力。资源开采能力是技术创新的积累能力,主要评价指标包括:煤炭产量、百万吨死亡率、能耗水平、绿化覆盖率等。

(3)组织管理能力是指煤炭企业从整体上、战略上安排技术创新和组织实施技术创新的能力。创新管理活动是企业发现和评价创新机会,组织管理技术创新活动的能力。强的组织管理能力表现为能够激发企业创新活动的积极性,协调并磨合技术创新各环节、各部门,并在一定程度上减少技术创新的风险和不确定性。组织管理能力仅局限于企业内部环境,它还体现在企业与外界环境的沟通与协作上。具有较强组织管理能力的企业,能够让技术创新服务于企业的经营目标,并能依据市场需求变化,竞争对手的情况,在自己已有的技术能力基础上,选择技术创新的发展方向,有效的技术创新机制能使参与技术创新的人员人尽其才、才尽其用、沟通顺畅、运作有效。主要评价指标包括:组织体系完备性、制度体系完备性等。

(4)财务能力是从经济角度反映煤炭企业技术创新能力。技术创新与一般的经济活动的不同之处在于它的不确定性。技术创新的风险既包括由于外部环境的不确定性和项目自身的难度所导致的客观风险,也包括由于决策失误、项目管理不当而导致的主观风险。煤炭企业需要具有相当的财务支付能力来保证技术创新的顺利进行和抵御技术创新的风险。技术创新能力所包含的财务能力要求企业应具有较强的风险承担能力和融资能力。创新项目的投资回收效果反映了财务的收益能力,也反映着技术创新能力的强弱。主要评价指标包括:销售利润率、资产负债率。

图6-1是煤炭企业技术创新能力基本构成示意图,图上显示煤炭企业技术创新能力包括科技研发能力、资源开采能力、组织管理能力和财务能力四个部分。这四种能力可分别由其对应的若干经济指标来衡量。其中,科技研发能力、资源开采能力是技术创新能力的核心能力,直接决定煤炭企业技术创新能力的强弱;而组织管理能力和财务能力则是技术创新能力的支撑能力,表现为企业家精神与战略管理、创新资金的筹措与运用、以界面管理为重点的组织协调以及创新人才的吸纳、培训和激励,这两种能力不仅影响技术创新能力的大小,而且也影响到技术创新能力的核心能力。

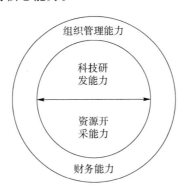

图6-1 煤炭企业技术创新能力基本构成示意图

6.2 基于 DEA 的煤炭矿山技术创新能力评价模型构建

DEA 评价法是由著名运筹学家 Charnes 和 Cooper 等学者于 1978 年提出的,是在"相对效率评价"概念基础上发展起来的一种评价具有相同类型投入与产出的若干决策单元(Decision Making Unit,DMU)相对效率的有效方法。它主要是根据被评价系统的投入产出指标,建立相应的评价模型。通过对输入输出数据的综合分析,DEA 可以得到每个 DMU 综合效率的数量指标,据此将各 DMU 定级排序,确定有效的 DMU,并指出其他 DMU 非有效的原因和程度。

由于本章已经完成煤炭矿山技术创新影响因素分析,影响煤炭矿山技术创新能力的因素众多,且煤炭矿山技术创新能力包含科技研发能力、资源开采能力、组织管理能力和财务能力四个部分,每个部分又有多个评价指标。因此,煤炭矿山技术创新能力评价问题是一个典型的多投入、多产出对象系统评价问题,可以应用 DEA 方法对各煤炭矿山技术创新能力的相对水平进行评价分析。

6.2.1 评价指标确定

根据 DEA 中 DMU 的概念,我们把参与技术创新能力评价的煤炭矿山称为决策单元(DMU)。对每个决策单元,在我们所建立的技术创新能力评价指标体系基础上,将指标分为投入类指标和产出类指标。投入类指标有:研发经费投入、引进技术支出、科技人员数量、员工薪酬水平、技术装备水平、企业家创新精神、创新文化水平、员工学习培训支出;产出类指标有:科技研发能力、资源开采能力、组织管理能力、财务能力。

科技研发能力的产出指标有:研发平台数量、科技奖励数量、学术论文数量、标准与专利数量、技术输出收益。

资源开采能力的产出指标有:煤炭产量、百万吨死亡率、能耗水平、绿化覆盖率。

组织管理能力的产出指标有:组织体系完备性、制度体系完备性。

财务能力的产出指标有:销售利润率、资产负债率。

各指标量化形式如表 6-1 所示。

表 6-1 评价投入产出指标表

指标名称			量化方式
投入类指标		研发经费投入(T_1)	年研发费用
		引进技术支出(T_2)	年技术引进费
		科技人员数量(T_3)	科技人员数
		员工薪酬水平(T_4)	全员年均薪酬
		技术装备水平(T_5)	采掘机械化率
		企业家创新精神(T_6)	专家评价(1～10 取值)
		创新文化水平(T_7)	专家评价(1～10 取值)
		员工学习培训支出	年学习培训支出/年销售收入
产出类指标	科技研发能力(C_1)	研发平台数量(C_{11})	国家级平台数
		科技奖励数量(C_{12})	省部级以上奖励数
		学术论文数量(C_{13})	核心刊物论文数
		标准与专利数量(C_{14})	行业标准专利数
		技术输出收益(C_{15})	年转让费
	资源开采能力(C_2)	煤炭产量(C_{21})	年煤炭产量
		百万吨死亡率(C_{22})	年百万吨死亡人数
		能耗水平(C_{23})	年百万吨能耗
		绿化覆盖率(C_{24})	矿区绿化面积/矿区面积
	组织管理能力(C_3)	组织体系完备性(C_{31})	专家评价(1～10 取值)
		制度体系完备性(C_{32})	专家评价(1～10 取值)
	财务能力(C_4)	销售利润率(C_{41})	年利润/销售收入
		资产负债率(C_{42})	负债总额/资产总额

6.2.2　评价模型构建

在现有 DEA 各种模型中,应用比较普遍的有 BCC 模型,该模型是 Banker、Charnes 和 Cooper 于 1984 年在 CCR 模型基础上提出的更为严谨的修正模型。它把 CCR 模型中固定规模报酬的假设改为可变规模报酬,从而将 CCR 模型中的综合效率分解为规模效率和纯技术效率,即综合效率=规模效率×纯技术效率。这样,BCC 模型就把造成技术无效率的两个原因,即未处于最佳规模和生产技术上的低效率分离开来,在排除规模因素制约的情况下,得到的纯技术效率,比 CCR 模型下的综合效率更为准确地反映了所考查对象的经营管理水平,因此本章选取 BCC 模型。

假定有 n 个独立的评价单元 DMU,每个 DMU 都有 m 种投入 x_i 和 s 种产出 y_r。将 x_i 和 y_r 作为投入产出代入到常规 DEA 模型中,即可得到 n 个评价单元 DMU 的效率值。计算公式如下:

$$\begin{cases} \min \theta \\ \sum_{j=1}^{n} \lambda_j x_i + s_i^- = \theta x_0, i = 1, 2, \cdots, m \\ \sum_{j=1}^{n} \lambda_j y_r - s_r^+ = y_0, r = 1, 2, \cdots, s \\ \sum_{j=1}^{n} \lambda_j = 1 \\ \lambda_j, s_j^-, s_r^+ \geqslant 0 \\ \theta \in R \end{cases} \tag{6-1}$$

式中,θ 为评价单元的有效值,λ_j 为相对于 DMU_{j0} 重新构造的一个有效 DMU 组合中第 j 个评价单元 DMU_{j0} 的组合比例,s^+、s^- 为引入的松弛变量。在评价决策单元是否 DEA 有效时,若存在最优解 θ^*、s^{*-}、s^{*+} 满足 $\theta^* = 1$,且 $s^{*-} = s^{*+} = 0$,则 DEA 有效,若 $\theta^* < 1$,则非 DEA 有效。同时,利用上述模型求得的最优解 λ^*,可以分析特定 DMU 相对的规模收益。若 $\sum_{j-1}^{n} \lambda_j^* < 1$,则规模收益递增;若 $\sum_{j-1}^{n} \lambda_j^* = 1$,则规模收益不变;若 $\sum_{j-1}^{n} \lambda_j^* > 1$,则规模收益递减。

利用"投影原理"可以进行定量改进,计算输入和输出各指标的改进数值。在评价对象为 DEA 无效时,其在有效前沿面上的投影,即进行调整的方法为

$$\begin{cases} \hat{x}_j = \theta x_j - s^- \\ \hat{y}_j = \theta y_j + s^+ \end{cases} \tag{6-2}$$

则 $(\hat{x}_j, \hat{y}_j)$ 为 (x_j, y_j) 在有效前沿面上的投影,相对于原来 DMU 是有效的。也就是说,可以通过调整非 DEA 有效的 DMU 输入、输出值来使该 DMU 达到 DEA 有效。

各评价单元 DMU 通过 DEA 评价法分别对科技研发能力(C_1)、资源开采能力(C_2)、组织管理能力(C_3)、财务能力(C_4)进行相对有效性评价后,应用综合指数加权对各单元技术创新能力(O)进行综合排序,公式如下:

$$O = \sum_{i=1}^{4} \mu_i C_i \qquad\qquad (6\text{-}3)$$

式中,μ_i 为各单项能力的权重,可以通过专家调查获得。

6.3 煤炭企业技术创新能力评价实例分析

6.3.1 决策单元的选取与数据来源

  自 2011 年 3 月 19 日,国土资源部公布了首批"绿色矿山"试点单位以来,全国共有近 100 个煤矿入选。2010 年国土资源部制定并发布的《国家级绿色矿山基本条件》从依法办矿、规范管理、综合利用、技术创新、节能减排、环境保护、土地复垦、社区和谐、企业文化九个方面对绿色矿山的基本条件进行规定。由于技术创新是其中的重要条件,从入选国家级绿色矿山中选取 20 个煤炭企业进行技术创新能力评价。因此,文中 DEA 模型(BCC)中的决策单元(DMU)是 20 个煤炭企业,即每一个煤炭企业作为一个评价单元,具体矿山如表 6-2 所示。另外,在数据搜集过程当中,定量指标通过调研、访谈及官方网站获得,定性指标按照 1~9 标度法进行量化,从表 6-3 中选取。DMU 输入、输出值如表 6-4、表 6-5 所示。

表 6-2 煤炭企业决策单元

决策单元	煤矿名称
DM_1	北京昊华能源股份有限公司大安山煤矿
DM_2	北京昊华能源股份有限公司木城涧煤矿
DM_3	河北冀中能源峰峰集团有限公司梧桐庄矿
DM_4	河北冀中能源邯郸矿业集团云驾岭煤矿
DM_5	河南神火煤电股份有限公司新庄煤矿
DM_6	河南大有能源股份有限公司常村煤矿
DM_7	山东新巨龙能源有限责任公司(龙固煤矿)
DM_8	山东龙口煤电有限公司北皂煤矿
DM_9	广西东怀矿业有限公司东怀煤矿一号井
DM_{10}	山西潞安集团余吾煤业公司(屯留煤矿)
DM_{11}	山西晋城无烟煤矿业集团有限公司寺河煤矿
DM_{12}	大同煤矿集团大同地煤青磁窑煤矿
DM_{13}	山西华晋焦煤公司沙曲煤矿
DM_{14}	安徽五沟煤矿有限责任公司五沟煤矿
DM_{15}	淮北矿业股份有限公司桃园煤矿
DM_{16}	云南省东源煤电股份有限公司后所煤矿
DM_{17}	黑龙江龙煤矿业集团股份有限公司鹤岗分公司新岭煤矿
DM_{18}	黑龙江龙煤矿业集团股份有限公司七台河分公司龙湖煤矿
DM_{19}	吉林长春羊草煤业股份有限公司羊草沟煤矿一矿
DM_{20}	内蒙古伊泰京粤酸刺沟矿业有限责任公司酸刺沟煤矿

表 6-3 指标标度列表

得分	含义
1	较差
3	差
5	一般
7	良好
9	优秀
2,4,6,8	取上述相邻判断的中间值

表 6-4 各 DMU 输入值

决策单元	T_1/亿元	T_2/亿元	T_3/人	T_4/元	T_5	T_6	T_7	T_8/万
DM_1	1.87	2.03	502	4 204	65%	5	4	305
DM_2	0.92	1.03	438	4 016	72%	6	5	239
DM_3	0.73	1.89	298	3 926	76%	3	6	458
DM_4	1.54	2.34	304	4 794	47%	6	2	356
DM_5	2.14	1.98	440	5 014	56%	7	5	272
DM_6	0.58	1.67	389	4 682	78%	3	7	367
DM_7	0.48	2.03	417	3 957	72%	8	3	377
DM_8	0.64	1.94	298	4 168	63%	2	6	257
DM_9	1.12	1.37	278	4 165	77%	4	3	462
DM_{10}	0.97	2.09	352	4 921	59%	7	7	282
DM_{11}	1.02	2.34	472	5 011	61%	3	3	462
DM_{12}	0.73	1.99	373	3 971	74%	8	6	517
DM_{13}	0.84	0.97	264	4 921	79%	4	4	372
DM_{14}	0.44	1.29	365	4 013	65%	3	2	427
DM_{15}	0.78	1.93	385	5 017	75%	7	7	287
DM_{16}	0.69	1.84	287	4 014	71%	8	3	418
DM_{17}	0.93	1.47	401	5 172	81%	5	6	396
DM_{18}	0.55	1.37	374	4 917	69%	9	7	474
DM_{19}	0.82	2.02	412	3 917	62%	3	3	527
DM_{20}	1.17	1.02	317	4 017	74%	6	4	427

表 6-5 各 DMU 输出值

决策单元	C_{11}	C_{12}	C_{13}	C_{14}	C_{15}/千万	C_{21}/吨	C_{22}	C_{23}/(吨标煤/万元)	C_{24}	C_{31}	C_{32}	C_{41}	C_{42}
DM_1	2	9	21	15	3.1	190	0.19	2.43	22%	5	7	11.2%	44.98%
DM_2	4	11	19	9	2.3	135	0.28	2.55	19%	6	4	9.8%	52.07%

决策单元	C_{11}	C_{12}	C_{13}	C_{14}	$C_{15}/$千万	$C_{21}/$吨	C_{22}	$C_{23}/$(吨标煤/万元)	C_{24}	C_{31}	C_{32}	C_{41}	C_{42}
DM_3	3	7	15	13	4.2	230	0.14	3.38	17%	3	7	8.6%	39.07%
DM_4	1	5	19	16	5.7	197	0.21	3.67	27%	6	8	10.8%	49.36%
DM_5	4	9	11	6	5.1	339	0.27	4.34	16%	2	2	12.2%	52.05%
DM_6	3	4	8	14	3.5	204	0.19	4.42	22%	8	5	9.5%	38.76%
DM_7	2	6	20	17	5.2	310	0.17	2.07	19%	7	9	8.9%	49.46%
DM_8	1	8	14	13	5.3	525	0.23	3.67	18%	3	6	10.4%	50.13%
DM_9	3	4	38	19	6.8	496	0.26	4.73	21%	4	3	12.5%	51.07%
DM_{10}	4	5	9	11	2.9	310	0.14	5.37	11%	7	5	10.7%	55.06%
DM_{11}	2	7	11	16	5.3	505	0.11	2.02	25%	8	7	8.7%	54.95%
DM_{12}	7	4	17	16	4.8	306	0.24	3.23	23%	4	2	10.7%	49.02%
DM_{13}	4	6	34	13	4.2	496	0.31	3.67	17%	9	8	11.7%	39.88%
DM_{14}	4	3	8	7	3.9	405	0.22	2.45	18%	3	5	10.6%	40.42%
DM_{15}	3	6	11	13	6.3	399	0.19	3.74	23%	4	9	9.6%	37.66%
DM_{16}	5	5	7	15	7.2	205	0.15	4.23	17%	1	2	8.8%	51.32%
DM_{17}	6	8	19	17	5.7	384	0.21	5.23	13%	3	5	7.9%	45.89%
DM_{18}	2	4	17	14	3.6	167	0.25	3.44	26%	8	4	6.5%	49.25%
DM_{19}	4	3	9	9	4.4	306	0.15	2.75	24%	4	8	10.7%	48.66%
DM_{20}	7	6	32	13	5.2	466	0.24	4.14	17%	7	6	16.4%	46.32%

6.3.2 技术创新 DEA 评价与优化

1. 科技研发能力 DEA 评价

数据包络分析方法可以确定生产前沿面、各 DMU 的总体效率、纯技术效率、纯规模效率、生产前沿面上的投影分析等,同时能给决策者提供效率评价、规模效益分析等方面的定量信息,使决策更加可靠。通过 DEA 评价法分别对科技研发能力（C_1）、资源开采能力（C_2）、组织管理能力（C_3）、财务能力（C_4）进行相对有效性评价,进行四次 DEA 评价与优化,得出技术效率。运用 DEAP 2.1 软件得出的结果如表 6-6、表 6-8、表 6-10、表 6-12 所示。

表 6-6 煤矿技术创新建设效率评价(1)

决策单元	技术效率（C_1）	纯技术效率	规模效率
DM_1	0.974	1.000	0.974 drs
DM_2	1.000	1.000	1.000 -
DM_3	1.000	1.000	1.000 -
DM_4	1.000	1.000	1.000 -
DM_5	1.000	1.000	1.000 -
DM_6	1.000	1.000	1.000 -
DM_7	0.864	1.000	0.864 irs

决策单元	技术效率(C_1)	纯技术效率	规模效率	
DM_8	1.000	1.000	1.000	-
DM_9	0.63	1.000	0.63	irs
DM_{10}	0.927	1.000	0.927	irs
DM_{11}	1.000	1.000	1.000	-
DM_{12}	1.000	1.000	1.000	-
DM_{13}	1.000	1.000	1.000	-
DM_{14}	0.832	1.000	0.832	drs
DM_{15}	1.000	1.000	1.000	-
DM_{16}	1.000	1.000	1.000	-
DM_{17}	0.874	1.000	0.874	irs
DM_{18}	1.000	1.000	1.000	-
DM_{19}	0.6125	1.000	0.612 5	irs
DM_{20}	1.000	1.000	1.000	-

注:drs 表示规模报酬递减;-表示规模报酬不变;irs 表示规模报酬递增。

从表6-6可以看出,这20家煤矿技术创新整体有效的有13家(技术效率、纯技术效率、规模效率均为1);剩下的7家企业为整体无效性企业(纯技术效率、规模效率均<1,从而导致技术效率<1)。20家煤矿企业中,5家企业均为规模收益递增,说明此时企业应该在一定的限度之内继续推进技术创新建设。超过一定的限度后,规模收益状态就经历规模收益不变到规模收益递减。还有13家企业均为规模收益不变,此时这13家企业的状态是一种理想的状态,说明技术创新建设效果很好,要保持这种状态;剩下的2家企业是规模收益递减,此时企业应该采取缩小规模的策略,适当减少技术创新建设的投入。

2. 科技研发能力 DEA 优化

以 DW_1 煤矿为例,通过对无效企业进行投影分析,企业可以改善技术创新建设的效率、明确提高建设效率的方向、目标和途径。

```
Results for firm:        1
Technical efficiency = 1.000
Scale efficiency     =  0.974   (crs)
PROJECTION SUMMARY:
  variable          original      radial       slack       projected
                      value      movement     movement       value
output       1        2.000       0.000        0.000         2.000
output       2        9.000       0.000        0.000         9.000
output       3       21.000       0.000        0.000        21.000
output       4       15.000       2.000        0.000        17.000
output       5        3.100       0.000        0.000         3.100
input        1        1.870       0.000        0.000         1.870
input        2        2.030       0.000        0.000         2.030
input        3      502.000      19.000        0.000       521.000
input        4     4204.000       0.000        0.000      4204.000
input        5        0.650       0.000        0.000         0.650
input        6        5.000       0.000        0.000         5.000
input        7        4.000       0.000        0.000         4.000
input        8      305.000       0.000        0.000       305.000
LISTING OF PEERS:
  peer   lambda weight
   1      1.000
```

图 6-2　DEA 优化示例——DW_1 运行结果

由表 6-7 可以看出，DW$_1$ 煤矿的 8 个投入要素中，科技人员数量投入要素有冗余，说明该企业在科技人员数量的投入应该相应的增加，调整至 521 人；产出要素也有冗余，该矿的标准与专利数量应努力做到 21 项。

表 6-7　DW$_1$ 煤矿 DEA 投影结果分析

	投入产出变量	实际值	冗余值	目标值
投入	研发经费投入	1.87	0.000	1.87
	引进技术支出	2.03	0.000	2.03
	科技人员数量	502	19.000	521
	员工薪酬水平	4 204	0.000	4 204
	技术装备水平	0.65	0.000	0.65
	企业家创新精神	5	0.000	5
	创新文化水平	4	0.000	4
	员工学习培训支出	305	0.000	305
产出	研发平台数量	2	0.000	2
	科技奖励数量	9	0.000	9
	学术论文数量	21	0.000	21
	标准与专利数量	15	6.000	21
	技术输出收益	3.1	0.000	3.1

3. 资源开采能力 DEA 评价

从表 6-8 可以看出，这 20 家煤矿技术创新整体有效的有 14 家（技术效率、纯技术效率、规模效率均为 1）；剩下的 6 家企业为整体无效性企业（纯技术效率、规模效率均<1、从而导致技术效率<1）。20 家煤矿中，有 3 家企业均为规模收益递增，说明此时企业应该在一定的限度之内继续推进技术创新建设。超过一定的限度后，规模收益状态就经历规模收益不变到规模收益递减。还有 14 家企业均为规模收益不变，此时这 14 家企业的状态是一种理想的状态，说明技术创新建设效果很好，要保持这种状态；剩下的 3 家企业是规模收益递减，此时企业应该采取缩小规模的策略，适当减少技术创新建设的投入。

表 6-8　煤矿技术创新建设效率评价（2）

决策单元	技术效率（C$_2$）	纯技术效率	规模效率
DM$_1$	0.963	1	0.963　irs
DM$_2$	1	1	1　-
DM$_3$	0.892	1	0.892　drs
DM$_4$	1	1	1　-
DM$_5$	1	1	1　-
DM$_6$	1	1	1　-
DM$_7$	1	1	1　-
DM$_8$	0.824	1	0.824　drs
DM$_9$	1	1	1　-
DM$_{10}$	1	1	1　-

决策单元	技术效率(C_2)	纯技术效率	规模效率
DM$_{11}$	0.828	1	0.828　irs
DM$_{12}$	1	1	1　-
DM$_{13}$	1	1	1　-
DM$_{14}$	1	1	1　-
DM$_{15}$	1	1	1　-
DM$_{16}$	0.793	1	0.793　drs
DM$_{17}$	1	1	1　-
DM$_{18}$	1	1	1　-
DM$_{19}$	0.827	1	0.827　irs
DM$_{20}$	1	1	1　-

注:drs表示规模报酬递减;-表示规模报酬不变;irs表示规模报酬递增。

4. 资源开采能力 DEA 优化

如图 6-3 所示,以 DW$_{19}$ 煤矿为例,通过对无效企业进行投影分析,企业可以改善技术创新建设的效率、明确提高建设效率的方向、目标和途径。

```
Results for firm:     19
Technical efficiency = 1.000
Scale efficiency     = 0.827   (crs)
PROJECTION SUMMARY:
 variable       original      radial       slack      projected
                value        movement    movement       value
output    1     306.000        0.000       0.000       306.000
output    2       0.150        0.000       0.000         0.150
output    3       2.750        0.000       0.000         2.750
output    4       0.240        0.000       0.000         0.240
input     1       0.820        0.000       0.000         0.820
input     2       2.020        0.000       0.000         2.020
input     3     412.000        0.000       0.000       412.000
input     4    3917.000      212.000       0.000      4129.000
input     5       0.620        0.000       0.000         0.620
input     6       3.000        0.000       0.000         3.000
input     7       3.000        0.000       0.000         3.000
input     8     527.000      120.000       0.000       647.000
LISTING OF PEERS:
 peer   lambda weight
  19      1.000
```

图 6-3　DEA 优化示例——DW$_{19}$ 运行结果

表 6-9　DW$_{19}$ 煤矿 DEA 投影结果分析

	投入产出变量	实际值	冗余值	目标值
投入	研发经费投入	0.82	0.000	0.82
	引进技术支出	2.02	0.000	2.02
	科技人员数量	412	0.000	412
	员工薪酬水平	3 917	212.000	4 129
	技术装备水平	0.62	0.000	0.62
	企业家创新精神	3	0.000	3
	创新文化水平	3	0.000	3
	员工学习培训支出	527	120.000	647

续 表

	投入产出变量	实际值	冗余值	目标值
产出	煤炭产量	306	0.000	306
	百万吨死亡率	0.15	0.000	0.15
	能耗水平	2.75	0.000	2.75
	绿化覆盖率	0.24	0.000	0.24

由表 6-9 可以看出,DW_{19} 煤矿的 8 个投入要素中,员工薪酬水平投入要素有冗余,说明该企业在员工薪酬水平的投入应该相应地增加,调整至 4 129 元;员工培训支出投入要素也有冗余,应增加至 647 万元。

5. 组织管理能力 DEA 评价

从表 6-10 可以看出,这 20 家煤矿技术创新整体有效的有 13 家(技术效率、纯技术效率、规模效率均为 1);剩下的 7 家企业为整体无效性企业(纯技术效率、规模效率均<1、从而导致技术效率<1)。20 家煤矿中,有 4 家企业均为规模收益递增,说明此时企业应该在一定的限度之内继续推进技术创新建设。超过一定的限度后,规模收益状态就经历规模收益不变到规模收益递减。还有 13 家企业均为规模收益不变,此时这 13 家企业的状态是一种理想的状态,说明技术创新建设效果很好,要保持这种状态;剩下的 3 家企业是规模收益递减,此时企业应该采取缩小规模的策略,适当减少技术创新建设的投入。

表 6-10 煤矿技术创新建设效率评价(3)

决策单元	技术效率(C_3)	纯技术效率	规模效率
DM_1	0.924	1.000	0.924 drs
DM_2	1.000	1.000	1.000 -
DM_3	1.000	1.000	1.000 -
DM_4	1.000	1.000	1.000 -
DM_5	0.434	1.000	0.434 drs
DM_6	1.000	1.000	1.000 -
DM_7	1.000	1.000	1.000 -
DM_8	1.000	1.000	1.000 -
DM_9	1.000	1.000	1.000 -
DM_{10}	1.000	1.000	1.000 -
DM_{11}	1.000	1.000	1.000 -
DM_{12}	0.551	0.989	0.557 irs
DM_{13}	1.000	1.000	1.000 -
DM_{14}	0.952	1.000	0.952 irs
DM_{15}	1.000	1.000	1.000 -

续 表

决策单元	技术效率(C_3)	纯技术效率	规模效率	
DM$_{16}$	0.271	1.000	0.271	drs
DM$_{17}$	0.565	0.858	0.658	drs
DM$_{18}$	1.000	1.000	1.000	-
DM$_{19}$	1.000	1.000	1.000	-
DM$_{20}$	0.668	1.000	0.668	irs

注:drs 表示规模报酬递减;-表示规模报酬不变;irs 表示规模报酬递增。

6. 组织管理能力 DEA 优化

如图 6-4 所示,以 DW$_{12}$ 煤矿为例,通过对无效企业进行投影分析,企业可以改善技术创新建设的效率、明确提高建设效率的方向、目标和途径。

```
Results for firm:     12
Technical efficiency = 0.989
Scale efficiency     = 0.557  (irs)
PROJECTION SUMMARY:
 variable        original      radial      slack     projected
                 value         movement    movement   value
output   1       4.000         0.000       0.000      4.000
output   2       2.000         0.000       5.000      7.000
input    1       0.730         0.000       0.000      0.730
input    2       1.990         0.000       0.000      1.990
input    3       373.000       0.000       0.000      373.000
input    4       3971.000      0.000       0.000      3971.000
input    5       0.740         0.000       0.000      0.740
input    6       8.000         0.000       0.000      8.000
input    7       6.000         2.000       0.000      8.000
input    8       517.000       0.000       0.000      517.000
LISTING OF PEERS:
 peer   lambda weight
    7      0.161
   19      0.358
    3      0.482
```

图 6-4 DEA 优化示例——DW$_{12}$ 运行结果

表 6-11 DW$_{12}$ 煤矿 DEA 投影结果分析

	投入产出变量	实际值	冗余值	目标值
投入	研发经费投入	0.73	0.000	0.73
	引进技术支出	1.99	0.000	1.99
	科技人员数量	373	0.000	373
	员工薪酬水平	3 971	0.000	3 971
	技术装备水平	0.74	0.000	0.74
	企业家创新精神	8	0.000	8
	创新文化水平	6	2	8
	员工学习培训支出	517	0.000	517
产出	组织体系完备性	4	0.000	4
	制度体系完备性	2	5	7

由表 6-11 可以看出,DW_{12}煤矿的 8 个投入要素中,创新文化水平投入要素有冗余,说明该企业在创新文化水平的投入应该相应地增加,调整至系数 8;产出要素制度体系完备性也有冗余,应调整至系数 7。

7. 财务能力 DEA 评价

从表 6-12 可以看出,这 20 家煤矿技术创新整体有效的有 13 家(技术效率、纯技术效率、规模效率均为 1);剩下的 6 家企业为整体无效性企业(纯技术效率、规模效率均<1、从而导致技术效率<1)。20 家煤矿中,有 4 家企业均为规模收益递增,说明此时企业应该在一定的限度之内继续推进技术创新建设。超过一定的限度后,规模收益状态就经历规模收益不变到规模收益递减。还有 14 家企业均为规模收益不变,此时这 14 家企业的状态是一种理想的状态,说明技术创新建设效果很好,要保持这种状态;剩下的 3 家企业是规模收益递减,此时企业应该采取缩小规模的策略,适当减少技术创新建设的投入。

表 6-12　煤矿技术创新建设效率评价(4)

决策单元	技术效率(C_4)	纯技术效率	规模效率
DM_1	0.966	1.000	0.966　irs
DM_2	1.000	1.000	1.000　-
DM_3	0.820	1.000	0.820　irs
DM_4	1.000	1.000	1.000　-
DM_5	1.000	1.000	1.000　-
DM_6	0.847	0.940	0.900　drs
DM_7	1.000	1.000	1.000　-
DM_8	1.000	1.000	1.000　-
DM_9	1.000	1.000	1.000　-
DM_{10}	1.000	1.000	1.000　-
DM_{11}	1.000	1.000	1.000　-
DM_{12}	0.998	0.999	0.998　drs
DM_{13}	1.000	1.000	1.000　-
DM_{14}	1.000	1.000	1.000　-
DM_{15}	0.827	0.894	0.925　drs
DM_{16}	1.000	1.000	1.000　-
DM_{17}	0.827	0.861	0.961　irs
DM_{18}	0.837	1.000	0.837　irs
DM_{19}	1.000	1.000	1.000　-
DM_{20}	1.000	1.000	1.000　-

注:drs表示规模报酬递减;-表示规模报酬不变;irs表示规模报酬递增。

8. 财务能力 DEA 优化

如图 6-5 所示,以 DW_6煤矿为例,通过对无效企业进行投影分析,企业可以改善技术创新建设的效率、明确提高建设效率的方向、目标和途径。

```
Results for firm:        6
Technical efficiency = 0.940
Scale efficiency     = 0.900  (irs)
 PROJECTION SUMMARY:
  variable          original      radial        slack      projected
                       value     movement     movement         value
 output     1         0.095        0.000        0.010         0.105
 output     2         0.388        0.000        0.064         0.452
 input      1         0.580        0.000        0.000         0.580
 input      2         1.670        0.000        0.000         1.670
 input      3       389.000        0.000        0.000       389.000
 input      4      4682.000        0.000        0.000      4682.000
 input      5         0.780        0.000        0.000         0.780
 input      6         3.000        0.000        0.000         3.000
 input      7         7.000        1.000        0.000         8.000
 input      8       367.000       21.973        0.000       388.973
 LISTING OF PEERS:
  peer    lambda weight
    2       0.034
   14       0.521
    8       0.444
```

图 6-5　DEA 优化示例——DW$_6$运行结果

表 6-13　DW$_6$煤矿 DEA 投影分析结果

	投入产出变量	实际值	冗余值	目标值
投入	研发经费投入	0.58	0.000	0.58
	引进技术支出	1.67	0.000	1.67
	科技人员数量	389	0.000	389
	员工薪酬水平	4 682	0.000	4 682
	技术装备水平	0.78	0.000	0.78
	企业家创新精神	3	0.000	3
	创新文化水平	7	1.000	8
	员工学习培训支出	367	21.973	388.973
产出	销售利润率	0.095	0.010	0.105
	资产负债率	0.388	0.064	0.452

由表 6-13 可以看出,DW$_6$煤矿的 8 个投入要素中,创新文化水平投入要素有冗余,说明该企业在创新文化水平的投入应该相应的增加,调整至系数 8;员工学习培训支出也有冗余,应调整至 388.973 万元。产出要素销售利润率、资产负债率也应提高至 0.105、0.452。

6.3.3　煤炭企业综合测评结果

各评价单元 DMU 通过 DEA 评价法分别对科技研发能力(C_1)、资源开采能力(C_2)、组织管理能力(C_3)、财务能力(C_4)进行相对有效性评价后,得出对应的技术效率 C_i,应用综合指数加权对各单元技术创新能力(O)进行综合排序,公式如下:

$$O = \sum_{i=1}^{4} \mu_i C_i \tag{6-4}$$

式中,μ_i 为各单项能力的权重,通过专家访谈,从表 6-14 中取值。

69

表 6-14 u_i 取值列表

u_i	u_1	u_2	u_3	u_4
数值	0.4	0.3	0.1	0.2

通过综合运算,得出排名情况如表 6-15 所示。

表 6-15 煤炭企业技术创新能力综合排名

1	北京昊华能源股份有限公司木城涧煤矿	1
2	河北冀中能源邯郸矿业集团云驾岭煤矿	1
3	山西华晋焦煤公司沙曲煤矿	1
4	北京昊华能源股份有限公司大安山煤矿	0.970 9
5	山西潞安集团余吾煤业公司(屯留煤矿)	0.970 8
6	河南大有能源股份有限公司常村煤矿	0.969 4
7	黑龙江龙煤矿业集团股份有限公司七台河分公司龙湖煤矿	0.967 5
8	内蒙古伊泰京粤酸刺沟矿业有限责任公司酸刺沟煤矿	0.966 8
9	淮北矿业股份有限公司桃园煤矿	0.965 4
10	大同煤矿集团大同地煤青磁窑煤矿	0.954 7
11	山西晋城无烟煤矿业集团有限公司寺河煤矿	0.948 4
12	山东龙口煤电有限公司北皂煤矿	0.947 1
13	山东新巨龙能源有限责任公司(龙固煤矿)	0.945 7
14	河南神火煤电股份有限公司新庄煤矿	0.943 4
15	河北冀中能源峰峰集团有限公司梧桐庄矿	0.931 6
16	吉林长春羊草煤业股份有限公司羊草沟煤矿一矿	0.931
17	安徽五沟煤矿有限责任公司五沟煤矿	0.928
18	广西东怀矿业有限公司东怀煤矿一号井	0.872
19	黑龙江龙煤矿业集团股份有限公司鹤岗分公司新岭煤矿	0.871 5
20	云南省东源煤电股份有限公司后所煤矿	0.865

6.4 基于 Malmquist-DEA 的煤炭企业安全效率评价及影响因素

为了分析出煤炭企业安全培训及内部管理影响其安全投入的有效性,构建了基于 13 家煤炭企业上市公司在 2012—2017 年间的面板数据,采用 Malmquist-DEA 方法实证研究了在安全培训及内部管理的影响制约下我国煤炭企业安全效率动态变化情况,并分析影响煤炭企业安全效率发展的因素。结果表明:在 2012—2017 年间,样本企业的安全效率指数呈现上升—降—上升的变化趋势;样本企业的安全效率均值为 0.973,表明大多数煤炭企业的安全效率较低,有较大的上升空间;促进我国煤炭企业安全效率进步的主要因素是技术效率,技术进步没有发挥出应有的作用;纯技术效率和规模效率的贡献率均有待提高。根据研究结果提出相应的对策建议。

2017 年全国煤炭企业共发生安全事故 219 起,死亡人数 375 人,百万吨死亡率为 0.106,煤炭企业违法违规生产行为仍屡禁不止,煤炭企业安全隐患显著,安全效率水平偏低。因此,针对煤炭企业安全投入指标,动态分析和评价煤炭企业安全效率及其影响因素,对于进一步改善煤炭企业安全效率,进而加快能源革命的进程就显得尤为重要。煤炭企业安全效率评价是一个涵盖多投入-多产出的评价系统,吸引学者采用多种评价方法进行研究。目前研究成果多从静态角度进行分析,且主要以煤炭企业的安全费用、研发费用、资产总额作为安全投入,忽略了煤炭企业内部管理及安全培训对安全效率提高的重要性,使得安全效率影响因素分析有一定的局限性,数据也较陈旧。故从我国主要产煤省份选取具有代表性的 13 家煤炭企业上市公司 2012—2017 年的指标数据,采用 Malmquist-DEA 分析法对煤炭企业的安全效率进行动态分解,评价煤炭企业安全效率并对其影响因素进行研究。

6.4.1　Malmquist-DEA 模型的构建

Malmquist 指数模型是在 DEA 模型的基础上提出的,弥补 DEA 模型仅能对静态的时间序列和截面数据进行效率测算,而无法基于动态的面板数据进行效率测算的缺憾。技术效率变化指数 EC 是衡量每个决策单元从 t 时期到 $t+1$ 时期的相对效率变化指数,主要评价生产过程中投入要素的配置是否处于最优水平。技术进步指数 TC 测量决策单元的技术变化程度,主要评价两个相邻时期的创新能力。Malmquist 指数模型的主要推算公式如下:

$$M_i(x^{t+1}, y^{t+1}, x^t, y^t) = \underbrace{\left[\frac{d_i^{t+1}(x^{t+1}, y^{t+1})}{d_i^t(x^t, y^t)}\right]}_{EC} \times \underbrace{\left[\frac{d_i^t(x^{t+1}, y^{t+1})}{d_i^{t+1}(x^{t+1}, y^{t+1})} \times \frac{d_i^t(x^t, y^t)}{d_i^{t+1}(x^t, y^t)}\right]^{\frac{1}{2}}}_{TC}$$

(6-5)

式中,(x^t, y^t) 为 t 时点的投入产出向量;$d_i^t(x^t, y^t)$ 为在以 t 时点技术水平为参照的情况下 t 时点的生产效率距离函数;Malmquist 指数 M_i 表示 t 期到 $t+1$ 期全要素生产率变化程度,可分解为技术效率变化指数 EC 和技术进步指数 TC 两部分。

若 $M_i > 1$,则全要素生产率是上升,反之相反。在可变规模报酬假设下,技术效率变化指数 EC 可划分为纯技术效率变化指数 pech 和规模效率变化指数 sech,进而得到式(6-6):

$$M_i(x^{t+1}, y^{t+1}, x^t, y^t)$$

$$= \underbrace{\left[\frac{d_v^{t+1}(x^{t+1}, y^{t+1})}{d_v^t(x^t, y^t)}\right]}_{sech} \times \underbrace{\overbrace{\left[\frac{d_v^t(x^t, y^t)}{d_c^t(x^t, y^t)} \Big/ \frac{d_v^{t+1}(x^{t+1}, y^{t+1})}{d_c^{t+1}(x^{t+1}, y^{t+1})}\right]}^{pech}}_{EC} \times \underbrace{\left[\frac{d_c^t(x^{t+1}, y^{t+1})}{d_c^{t+1}(x^{t+1}, y^{t+1})} \times \frac{d_c^t(x^{t+1}, y^{t+1})}{d_c^{t+1}(x^{t+1}, y^{t+1})}\right]^{\frac{1}{2}}}_{TC}$$

(6-6)

式中,下标 c 为规模报酬不变的情况;下标 v 为规模报酬变动的情况。

当 pech>1 时,表示决策单元的决策管理活动的改善使效率得以改进。当 sech>1 时,表示从长期来看决策单元的生产规模正向最优规模靠拢。

6.4.2 样本选取及数据描述

从我国主要产煤省份选取具有代表性的 13 家上市煤炭企业为研究对象安全效率分解情况如表 6-16 所示,以 2012—2017 年的安全投入(百万)、安全培训人次等作为投入指标,净利润(万元)、百万吨死亡率、煤炭产量(百万吨)作为产出指标。其中安全投入以煤炭企业每年的安全设施购置维护费、安全教育培训费等之和来衡量;安全培训人次以煤炭企业每年举办的教育演练、模拟考试、行为纠偏等安全培训活动参与人次之和来衡量;研发支出以煤炭企业每年为提高安全作业技术所涉及的创新人才培训支出、创新平台搭建支出、创新技术推广支出等之和来衡量。原始数据来源于 13 家上市煤炭企业披露的《社会责任报告》和《年度报告》。

6.4.3 实验结果和数据分析

通过 DEAP2.1 对样本企业的数据经行处理,得到 13 家上市煤炭企业安全效率动态变化指数如表 6-16 所示。

表 6-16 2012—2017 年 13 个煤炭企业安全效率分解表

煤炭企业名称	技术效率指数(EC)	技术进步指数(TC)	纯技术效率变化指数(pech)	规模效率变化指数(sech)	安全效率变化指数(tfpch)	企业排名
中国神华能源股份有限公司	1.092	0.870	1.000	1.092	0.950	7
中国中煤能源股份有限公司	0.907	0.922	0.899	1.009	0.836	12
北京昊华能源股份有限公司	1.000	1.119	1.000	1.000	1.119	3
中煤新集能源股份有限公司	1.021	0.853	1.011	1.009	0.871	10
内蒙古伊泰煤炭股份有限公司	1.000	0.944	1.000	1.000	0.944	8
山西兰花科技创业股份有限公司	1.041	1.111	1.000	1.041	1.157	1
山西西山煤电股份有限公司	0.907	0.907	0.937	0.969	0.823	13
上海大屯能源股份有限公司	0.963	1.009	0.968	0.995	0.972	6
兖州煤业股份有限公司	1.011	1.038	1.000	1.011	1.049	5
云南煤业能源股份有限公司	1.000	1.118	1.000	1.000	1.118	4
河南神火煤电股份有限公司	1.289	0.875	1.288	1.001	1.128	2
内蒙古平庄能源股份有限公司	1.000	0.918	1.000	1.000	0.918	9
河南大有能源股份有限公司	0.964	0.882	1.000	0.964	0.850	11
平均值	1.011	0.962	1.005	1.006	0.973	

在 2012—2017 年间有 5 家煤炭企业安全效率变化指数大于 1,仅占样本企业的 38.46%,表明该时期仅有少部分煤炭企业的安全效率有所提高,大多数煤炭企业安全效率呈现出退步趋势,我国煤炭企业的安全效率水平仍有待改善。

将煤炭企业安全效率变化指数 tfpch 细分为技术效率变化指数 EC 和技术进步变化指数 TCO 在 13 家样本企业中,有 5 家企业 EC 大于 1,有 4 家不变,占样本企业的 69.23%;TC 大于 1 的有 5 家,占样本企业的 38.46%。表明促进我国煤炭企业安全效率进步的主要因素是技术效率,而非技术进步。以西山煤电为例,其科研经费投入占资产总额的 0.436%,安全效率更高的中煤能源的科研费用却占资产总额的比例为 0.379%,表明除增加科研经费投入、促进企业技术进步外,企业更要优化资源利用率和管理效率,使技术进步发挥应有的效用。

技术效率指数 EC 变化又受纯技术效率指数 pech 和规模效率指数 sech 的共同影响。pech 递增的有 2 家,有 8 家保持不变,共占样本企业的 76.92%,其中河南神火煤电股份有限公司的进步最大,为 28.8%。sech 大于 1 的有 6 家,保持不变的有 4 家,共占样本企业的 76.92%,其中中国神华的进步最大,为 9.2%。这表明 pech 和 sech 对 EC 均有促进作用,但 sech 递增的企业所占比例更大,其作用效果更明显。

6.4.4　煤炭企业安全效率的均值变化分析

安全效率变化指数均值为 0.973<1,说明煤炭企业的安全效率整体是下降的,且下降率为 2.7%;其中技术效率指数均值为 1.011,技术进步指数均值为 0.962,表明技术进步的下降是阻碍煤炭企业安全效率有效提高的关键因素。技术效率均值虽有所提高,但幅度较小,原因在于纯技术效率均值与规模效率均值改进幅度不大。目前,煤炭企业从业人员文化水平相对不高,缺乏足够的危机意识及对突发事件的有效应对能力,企业定期的安全培训和事故演练次数较少,员工的技术水平和救护能力依然较低。另外,为响应煤炭企业高效集约化发展的号召,煤炭企业合并重组导致规模不断扩大,诱发了新的问题,如大规模的技术改造、高额的安全经费投入以及高技术人才的缺乏,影响大规模项目的正常实施,从而限制规模效率的上升。

6.4.5　煤炭企业安全效率的动态分析

2012—2017 年均安全效率变化指数分解情况如表 6-17 所示。2012—2013 年,煤炭企业安全效率增长为 1.073 7,主要由于技术进步的促进作用。技术效率出现了负增长,其中纯技术效率变化指数为 0.918,说明企业加大科研投入提高机械化程度的同时,忽略了内部协调管理的重要性,导致安全管理未能跟上技术进步的步伐,从而制约了安全效率的发展。

表 6-17　2012—2017 年 13 家煤炭企业年均安全效率变化指数分解表

年度	技术效率 指数(EC)	技术进步 指数(TC)	纯技术效率 变化指数(pech)	规模效率变 化指数(sech)	安全效率变 化指数(tfpch)
2012—2013 年	0.946	1.135	0.918	1.030	1.074
2013—2014 年	1.145	0.818	1.099	1.041	0.937
2014—2015 年	0.890	0.785	0.913	0.974	0.815
2015—2016 年	0.803	1.404	0.999	0.804	1.127
2016—2017 年	1.367	0.668	1.111	1.230	0.912
平均值	1.011	0.962	1.005	1.006	0.973

2013—2014 年，技术效率变化指数为 1.145，表明该期间技术效率呈上升趋势，归功于纯技术效率和规模效率的同时增长，且纯技术效率进步更大，说明企业开始重视安全投入并加大内部管理和控制，使得投入资源合理配置，生产模式科学有效。但在此期间煤炭企业技术进步指数出现退步趋势，退步率为 18.2%，企业技术研发投入欠缺及成果转化不及时导致企业安全效率下滑。

2014—2015 年，安全效率变化指数仅为 0.815＜1，说明在此期间安全效率是下降的。《能源发展战略行动计划》指出应推动煤炭企业开启以节能减排为重点的绿色能源发展模式，使得该时期我国煤炭需求增速出现大幅度的下降，煤炭市场低迷不振，给煤炭企业的生存发展带来巨大的挑战，无暇顾及企业技术水平和管理效率，导致该时期技术进步效率下降 21.5%，技术效率下降 11%，进而导致安全效率出现下降。

2015—2016 年，技术进步指数从上一时期的 0.785 上升到这一时期的 1.404，使得该时期安全效率变化指数上升为 1.127，说明该时期安全效率增长主要是由技术进步引起的。上一时期低迷的煤炭市场，激起煤炭企业向创新发展模式转变，高度重视技术进步对企业安全发展的重要性，响应高碳企业低碳发展和集约发展的号召，以高技术含量带动煤炭企业低成本、规模发展，进而提高煤炭企业的技术进步，有助于安全效率的改善。

2016—2017 年，技术效率指数为 1.367，较上一时期出现大幅度的增长，其中纯技术效率指数上升率为 11.1%，规模效率指数上升率为 23%，均对技术效率的增长有正向促进作用。但该期间煤炭企业仅重视对技术效率水平的改善，却忽视企业创新能力的维持和提高，使得企业技术进步效率发生严重下滑，出现了 33.2% 的负增长，最终使得煤炭企业的安全效率仅为 0.912，下降率为 8.8%。

由上述分析可知，煤炭企业的技术进步和技术效率共同影响煤炭企业的安全效率发展。然而，目前我国煤炭企业所采取的企业安全效率改进措施尚有一定的盲目性，不能兼顾企业技术进步及技术效率，以至于出现某一时期的技术效率得以改善反而技术进步指数出现下滑，或者技术效率出现下滑反而技术进步指数提高的现象，影响安全效率指数上下波动。

6.4.6　煤炭企业安全效率变化趋势分析

2012—2017 年 13 家煤炭企业的安全效率指数变化趋势如图 6-6 所示。

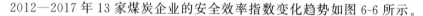

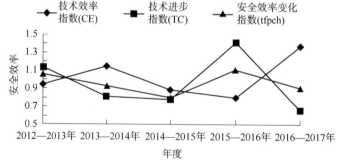

图 6-6　2012—2017 年安全效率指数变化趋势图

　　技术效率、纯技术效率、规模效率三者的变化趋势基本保持一致。在2012—2015年期间,纯技术效率变化对技术效率提升的作用率较大,由于企业没有找适宜的生产规模,与最优规模相距甚远,没有发挥应有的促进作用,使得技术效率上下波动。在2015—2016年期间,规模效率急剧下滑,下降率达19.6%,纯技术效率的贡献率难以弥补规模效率下降对技术效率的影响。在2016—2017年期间,纯技术效率有小幅度的上升,表明煤炭企业通过学习科学的管理模式,提高了安全投入资源利用率,加大了对安全培训的重视程度,创造出更为安全的生产环境,优化企业生产规模,不断缩小实际生产规模与最优规模之间的差距,使得规模效率指数出现上升趋势。由于技术效率变化受纯技术效率变化和规模效率变化的共同作用,一方作用率的上升不能完全制衡另一方下降所带来的不利影响。因此,在加强科学管理和新技术引进,进而有效改善纯技术效率的同时,应善于利用企业合作、内部调整探索适宜的生产规模,拉近与最优生产规模的距离;只有纯技术效率和规模效率两者齐头并进,才能逐步提高煤炭企业的技术效率,进而促进安全效率水平稳步上升。

第7章 基于 AHP 的煤矿技术创新能力评价

7.1 指标体系设计的原则

企业技术创新能力组成受到若干成分的影响,只有从多个方面来构建评价指标体系,才能对矿山的技术创新能力进行准确的反映。同时,煤炭企业具有本身的特点且与其他企业有所不同,要想对其技术创新能力做出合理的分析,必须采用科学的评价方法。通常,评价指标的构建须遵从下面几条原则:科学性原则、可靠性及代表性原则、可比性原则、可操作性原则、定性与定量相结合的原则。

煤矿技术创新能力评价指标体系构建:国家统计局在 2005 年年末发布的相关报告中指出企业技术创新能力评价指标体系由四个一级指标和若干个二级指标组成。

在对前人研究的基础上,根据煤矿企业自身具有的特点,我们来建立煤矿企业技术创新评价一级指标,同时又为每个一级指标设计了能反映各方面参数的多个二级指标,因此,整个指标体系由 4 个一级指标和 10 个二级指标构成,如表 7-1 所示。

表 7-1 煤炭企业技术创新能力评价指标体系

一级指标	二级指标	备注
A_1技术创新资源能力	A_{11}年利税额(万元)	年利税总额
	A_{12}参与科技活动人数(人)	技术管理及科研人员总数(中级职称以上)
A_2技术创新投入能力	A_{21}科技创新投入强度(%)	年科研经费/销售总收入
	A_{22}环境与生态治理投入强度(%)	年环境治理费用/销售收入
	A_{23}员工学习培训支出强度(%)	年学习培训支出/销售总收入
A_3技术创新产出能力	A_{31}标准与专利数量(项)	年国家级标准及专利数量
	A_{32}科技奖励数量(项)	年省部级以上奖励数
	A_{33}技术创新收益(万元)	年技术输出转让费(技术创新新增产值)
A_4技术创新环境支持能力	A_{41}外部科研经费比例(%)	年外部科研经费/科研经费
	A_{42}所在地科技活动经费占 GDP 比例(%)	年所在地(县级)科技支出经费/GDP

7.2 AHP 层次分析法基本理论

层次分析法(Analytic Hierarchy Process,AHP)是在 20 世纪 70 年代,由美国运筹学家,匹兹堡大学萨迪(Saaty Th.L.)教授提出的。它是现实中决策评价系统的典型运用。

7.2.1　基本思想

层次分析方法把复杂问题分解成若干组成因素,又将这些因素按支配关系分组形成层次结构。通过两两比较的方式确定层次中诸因素的相对重要性。然后综合行业专家的判断,确定方案层相对重要性的总排序。整个过程体现出了"分解、判断、综合"的思维方式。

7.2.2　实施过程

在运用 AHP 方法进行决策或评价时,首先分析评价系统中各基本要素之间的关系,建立系统的递阶层次结构;然后对同一层次的各元素关于上一层次中某一准则的重要性进行两两比较,构造判断矩阵,并进行一致性检验;最后由判断矩阵计算被比较要素对于该准则的相对权重,计算各层要素对系统总目标的合成权重,并对各备选方案排序。

7.3　层次分析法(AHP)算法理论

7.3.1　评价模型递阶层次结构的构建

(1)最高层只有一个元素,一般是分析问题的预定目标或者理想结果,因此也称目标层;

(2)中间层包括了为实现目标所涉及的中间环节,包括准则、子准则,因此也称为准则层;

(3)最低层为实现目标可供选择的各种措施、决策方案等,称为措施层或者方案层。

7.3.2　构建两两比较判断矩阵

判断矩阵是由专家对同一层次指标进行两两比较,给出它们相对重要性的判断值,全部指标经过两两判定之后,就可以形成一个判断矩阵 $\boldsymbol{B} = (a_{ij})^{n \times n}$。

7.3.3　计算指标的权重系数并检验其一致性

判断矩阵是 AHP 算法的计算基础,利用 $\boldsymbol{BW} = \lambda_{\max}\boldsymbol{W}$ 求解出 $\lambda_{\max}$ 所对应的特征向量 $\boldsymbol{W}$,对其归一化,即为同一层次中相应指标对上一层次某个指标的相对重要性系数。经典的特征根方法的算法、步骤如下:

(1)计算判断矩阵 $\boldsymbol{B}$ 每一行元素的积,公式为 $M_i = \prod\limits_{j=1}^{n} a_{ij} (i=1,2,3,\cdots,n)$;

(2)计算各行 M_i 的 n 次方根公式为 $W_i = \sqrt[n]{M_i}$;

(3)对向量 $\boldsymbol{W} = (W_1, W_2, \cdots, W_n)^{\mathrm{T}}$ 做归一化处理,即 $\omega_i = \dfrac{W_i}{\sum\limits_{j=1}^{n} W_i}$($\omega_i$ 即为所求指标的

权重系数值)。

7.3.4　进行一致性检验

运用层次分析法计算评价指标的权重系数,由于评价对象的复杂性和人对同一事物认识的差异性,专家打分构造的两两比较判断矩阵可能出现重要性判断上的矛盾。为此,需要引入一致性检验指标 $C.I.$ 和平均随机一致性指标 $R.I.$,来对判断矩阵进行一致性检验,用以检验判断矩阵 B 偏离一致性的程度,具体步骤如下:

（1）求判断矩阵最大特征根 $\lambda_{\max}$,公式为 $\lambda_{\max} = \dfrac{1}{n} \sum\limits_{i=1}^{n} \dfrac{(BW)_i}{\omega_i}$。

（2）计算一致性评价指标,求判断矩阵的最大特征根 $\lambda_{\max}$ 与 n 的差,再计算其与 $(n-1)$ 的比值,以此作为度量判断矩阵偏离一致性的指标,记为 $C.I.$ 即 $C.I. = \dfrac{\lambda_{\max} - n}{n-1}$（$n$ 为判断矩阵的阶数）。

（3）计算一致性比率 $C.R.$,一致性检验指 $C.I.$ 值与矩阵阶数有关,为了得到不同阶数的矩阵均适用的一致性检验的临界值,还需引入平均随机一致性指标 $R.I.$,1~12 阶数的判断矩阵所对应 $R.I.$ 如表 7-2 所示。

表 7-2　判断矩阵所对应的 $R.I.$

n	1	2	3	4	5	6	7	8	9	10	11	12
$R.I.$	0	0	0.52	0.89	1.12	1.26	1.36	1.41	1.46	1.49	1.52	1.54

将判断矩阵的一致性指标 $C.I.$ 与平均随机一致性标准值 $R.I.$ 进行对比,求得随机一致性比率 $C.R.$,即 $C.R. = C.I./R.I.$,当 $C.R. < 0.1$ 时,一般认为该判断矩阵具有满意的一致性;当 $C.R. > 0.1$ 时,则应该调整判断值,直到通过一致性检验为止。

（4）计算组合权重,计算指标的组合权重,即求评价指标体系中各层次指标对总目标的权重系数。

7.4　层次分析法在煤矿企业技术创新能力评价中的应用

7.4.1　判断矩阵的建立和权重的计算

参照表 7-1,以一级指标为准则层,二级指标为方案层,经过专家咨询和用户调查,确定各个评价因素的权重。建立技术创新资源能力重要性判断矩阵,如表 7-3 所示。

表 7-3　技术创新资源能力 A_1 指标判断矩阵

A_1	A_{11}	A_{12}
A_{11}	1	2
A_{12}	1/2	1

利用前面介绍的公式方法计算出各项指标的权重分别为 0.666、0.334,建立技术创新投入能力重要性判断矩阵如表 7-4 所示。

表 7-4　技术创新投入能力 A_2 指标判断矩阵

A_2	A_{21}	A_{22}	A_{23}
A_{21}	1	2	3
A_{22}	1/2	1	2
A_{23}	1/3	1/2	1

计算出各项指标的权重分别为 0.531、0.314、0.154。建立技术创新产出能力重要性判断矩阵如表 7-5 所示。

表 7-5　技术创新产出能力 A_3 指标判断矩阵

A_3	A_{31}	A_{32}	A_{33}
A_{31}	1	1/2	2
A_{32}	2	1	1/2
A_{33}	1/2	2	1

计算出各项指标的权重分别为 0.143、0.295、0.562,建立技术创新环境支持能力重要性判断矩阵如表 7-6 所示。

表 7-6　技术创新环境支持能力 A_4 指标判断矩阵

A_4	A_{41}	A_{42}
A_{41}	1	2
A_{42}	1/2	1

计算出各项指标的权重分别为 0.666、0.334,建立一级指标重要性判断矩阵如表 7-7 所示。

表 7-7　一级指标重要性判断矩阵

目标层	A_1	A_2	A_3	A_4
A_1	1	1/2	1/2	2
A_2	2	1	1	4
A_3	2	1	1	4
A_4	1/2	1/4	1/4	1

计算出各项指标的权重分别为 0.18、0.34、0.34、0.14,同样可以得出技术创新资源能力、产出能力、环境支持能力以及以技术创新能力为准则层的一级指标的各项权重,如图 7-1、图 7-2 所示。

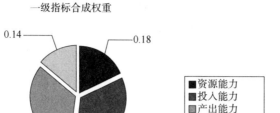

图 7-1 一级指标合成权重

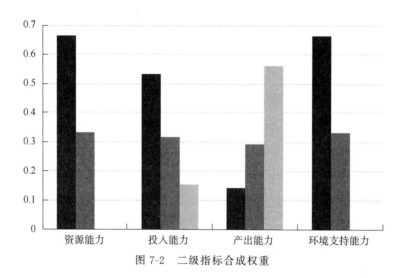

图 7-2 二级指标合成权重

7.4.2 一致性检验

在构造判断矩阵时,并不严格要求 $a_{ij} \times a_{jk} = a_{ik}$ 成立,这是由于客观事物的复杂性和人们认识上的多样性所决定的。尽管如此,还要求这些判断具有大体的一致性。以技术创新投入能力为例,具体步骤如下:

(1)计算矩阵最大特征根:$\lambda_{\max} = \dfrac{1}{n} \sum_{i=1}^{n} \dfrac{(\boldsymbol{B}\boldsymbol{W})_i}{\omega_i} = 3.09$

(2)计算一致性指标:$C.I. = \dfrac{\lambda_{\max} - n}{n-1} = 0.045$

(3)根据表 7-2 查找相应的平均随机一致性指标 $R.I.$,并计算一致性比例 $C.R. = C.I./R.I. = 0.086\,53$,所以,$C.R. < 0.1$,所以 $\boldsymbol{A}_2$ 矩阵具有良好的一致性,同样,对一级指标、其他二级指标技术创新资源能力、产出能力、环境支持能力各项指标进行一致性检验,并依照专家意见反复修正,所有矩阵均具有较满意的一致性。

7.4.3 数据来源

一方面是以实地考察若干煤矿企业各项指标参数作为样本,另一方面从《科技年鉴》相关统计中获得,详见附录。

7.4.4　数据标准化处理

在使用样本前,必须对数据进行归一化处理。这是因为采集到的实际数据可能会因为单位的不同而使得数值相差很大,如果不进行归一化处理,大数值信息就可能会覆盖小数值信息。

目前,一般是将输入数据归一化到[0,1]之间。归一化方法包括最大最小值法、指数法等方法。本章采用较常用的最大最小值法对数据进行归一化处理,该方法是对数据进行线性变换的处理,因此对数据原始信息保留得较好,不会丢失信息。其变化公式如下:

$$y_i = 0.1 + \frac{x_i - x_{\min}}{x_{\max} - x_{\min}} \times (0.9 - 0.1) \tag{7-1}$$

式中,y_i 为标准化后数据,x_i 为输入量,$x_{\min}$ 代表输入量中的最小值,$x_{\max}$ 代表输入量中的最大值。

7.5　模型的评价

7.5.1　建立线性评价函数

$Y = A_1 X_1 + A_2 X_2 + A_3 X_3 + \cdots + A_i X_i (i = 1, 2, 3, \cdots, n)$,其中 $A_i = \omega_i$,i 为方案层的指标数,ω_i 为评价指标中的合成权重,即层次总排序,计算各层元素对最高层的合成权重,计算时采取自上而下的策略,对每一层都进行运算,最后就可以计算出最下面一层的每个元素对于系统总目标层即最高层的合成权重。X_i 值由样本数据经归一化处理得出。

7.5.2　评价标准

为了更直观地呈现评价结果,根据实际调研以及咨询各方面专家的意见,一般将煤炭企业技术创新能力评价结果划分为 4 个等级:优秀、良好、一般、落后。拟定如下原则进行评价(Y 表示最后得分):$Y < 0.4$,落后;$0.4 \leqslant Y < 0.5$,一般;$0.5 \leqslant Y < 0.7$,良好;$Y > 0.7$,优秀。

7.5.3　评价结果

把样本数据带入线性评价函数公式计算,根据以上评价标准及原理,权重的评判采用专家评判的方法,这种方法虽然带有一定的主观性,但却是国际上普遍采用的方法。

最后计算出 11 家样本煤炭企业技术创新能力评价值为

[0.199 637 5、0.289 372 8、0.352 734 3、0.522 027 5、0.463 441 6、0.436 642 1、0.566 369 6、0.743 811 8、0.542 896 9、0.476 610 1、0.583 991 2]

评级分别为[落后、落后、落后、良好、一般、一般、良好、优秀、良好、一般、良好]

7.6　技术创新能力评价指标体系优化应用

在原先设计指标体系下,通过计算并由专家评审,考虑多方面因素,现对评价指标再次进行优化。配合此课题技术创新能力评价模型,将指标体系优化如表 7-8 所示。

表 7-8　指标体系优化

一级指标	二级指标	备注
A_1 技术创新资源能力	A_{11} 产值利税率（%）	产值利税率
	A_{12} 参与科技活动人数（人）	技术管理及科研人员总数（中级职称以上）
A_2 技术创新投入能力	A_{21} 科技创新投入强度（%）	年科研经费/销售总收入
	A_{22} 环境与生态治理投入强度（%）	年环境治理费用/销售收入
	A_{23} 员工学习培训支出强度（%）	年学习培训支出/销售总收入
A_3 技术创新产出能力	A_{31} 标准与专利数量（项）	年国家级标准及专利数量
	A_{32} 科技奖励数量（项）	年省部级以上奖励数
	A_{33} 技术创新收益（万元）	年技术输出转让费（技术创新新增产值）

7.6.1　AHP 在煤炭企业技术创新能力指标优化体系的实例应用

以一级指标为准则层，二级指标为方案层，经过专家咨询和用户调查，确定各个评价因素的权重。建立技术创新资源能力重要性判断矩阵，如表 7-9 所示。

表 7-9　技术创新资源能力 A_1 指标判断矩阵

A_1	A_{11}	A_{12}
A_{11}	1	2
A_{12}	1/2	1

利用前面介绍的公式方法计算出各项指标的权重分别为 0.666、0.334，建立技术创新投入能力重要性判断矩阵如表 7-10 所示。

表 7-10　技术创新投入能力 A_2 指标判断矩阵

A_2	A_{21}	A_{22}	A_{23}
A_{21}	1	2	3
A_{22}	1/2	1	2
A_{23}	1/3	1/2	1

计算出各项指标的权重分别为 0.531、0.314、0.154。建立技术创新产出能力重要性判断矩阵如表 7-11 所示。

表 7-11　技术创新产出能力 A_3 指标判断矩阵

A_3	A_{31}	A_{32}	A_{33}
A_{31}	1	1/2	2
A_{32}	2	1	1/2
A_{33}	1/2	2	1

计算出各项指标的权重分别为 0.143、0.295、0.562，建立一级指标重要性判断矩阵如表 7-12 所示。

表 7-12 一级指标判断矩阵

目标层	A_1	A_2	A_3
A_1	1	1/2	1/2
A_2	2	1	2
A_3	2	1/2	1

计算出各项指标的权重分别为 0.18、0.46、0.36，各项统计如图 7-3 所示。

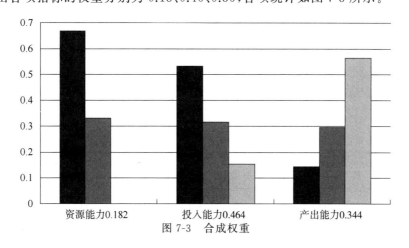

图 7-3 合成权重

7.6.2 优化指标体系一致性检验

在对指标体系优化之后，再次进行一致性检验。经计算，对一级指标、二级指标各项指标进行一致性检验，并依照专家意见反复修正，所有矩阵均具有较满意的一致性。

7.6.3 原始数据

31 家样本煤炭企业技术创新能力评价指标数据如表 7-13～表 7-15 所示。

表 7-13 31 家样本煤炭企业技术创新能力评价指标数据（一）

指标	31 家样本煤炭企业技术创新能力评价指标数据										
	1	2	3	4	5	6	7	8	9	10	11
A_{11} 产值利税率（%）	4.99	7.06	9.38	14.07	13.98	11.78	14.18	16.3	15.96	14.5	14.8
A_{12} 参与科技活动人员数（人）	175	215	241	215	207	204	167	169	189	192	268
A_{21} 科技创新投入强度（%）	0.94	0.93	0.87	1.43	1.7	1.58	2.14	2.08	2.33	1.59	1.62
A_{22} 环境与生态治理投入强度（%）	2.8	3.6	4.3	4.3	4.5	4.7	4.2	4.4	4.5	4.6	5.5
A_{23} 员工学习培训支出强度（%）	0.19	0.14	0.16	0.3	0.15	0.16	0.18	0.32	0.15	0.15	0.12
A_{31} 标准与专利数量（项）	10	17	17	16	23	20	28	44	31	45	63
A_{32} 科技奖励数量（项）	6	13	15	8	10	12	15	19	9	11	23
A_{33} 技术创新收益（万元）	12.78	14.33	12.87	18.5	15.78	14.85	18.5	21.28	16.54	16.22	15.3
A_{41} 外部科研经费比例（%）	5.46	4.13	5.48	4.48	3.07	3.59	2.8	5.24	1.89	2.58	1.99
A_{42} 科技活动经费占 GDP 比例	0.27	0.28	0.27	0.46	0.6	0.52	0.77	0.76	0.93	0.68	0.74

表 7-14　31 家样本煤炭企业技术创新能力评价指标数据(二)

指标	31 家样本煤炭企业技术创新能力评价指标数据										
	12	13	14	15	16	17	18	19	20	21	22
A_{11}产值利税率(%)	6.45	9.11	14.31	11.27	12.06	12.68	11.16	18.31	19.06	19.54	11.18
A_{12}参与科技活动人员数(人)	502	435	235	532	246	361	245	152	542	402	287
A_{21}科技创新投入强度(%)	3.84	4.43	0.17	1.43	1.7	4.58	2.14	7.08	3.33	7.59	7.62
A_{22}环境与生态治理投入强度(%)	1.8	4.6	6.3	3.3	7.5	8.7	3.2	2.4	8.5	5.6	6.2
A_{23}员工学习培训支出强度(%)	0.11	0.24	0.16	0.31	0.25	0.26	0.12	0.22	0.45	0.65	0.72
A_{31}标准与专利数量(项)	11	16	18	13	23	20	28	34	35	41	55
A_{32}科技奖励数量(项)	16	23	25	48	10	12	15	22	19	21	23
A_{33}技术创新收益(万元)	21.78	14.33	16.87	17.5	15.71	11.85	18.15	20.27	14.54	16.21	14.3
A_{41}外部科研经费比例(%)	8.44	4.23	5.38	5.48	4.07	3.53	3.8	6.24	6.89	2.32	2.99
A_{42}科技活动经费占 GDP 比例	0.77	0.38	0.25	0.26	0.61	0.42	0.47	0.66	0.56	0.98	0.94

表 7-15　31 家样本煤炭企业技术创新能力评价指标数据(三)

指标	31 家样本煤炭企业技术创新能力评价指标数据								
	23	24	25	26	27	28	29	30	31
A_{11}产值利税率(%)	6.89	5.01	9.48	15.07	14.91	12.68	13.19	12.3	15.16
A_{12}参与科技活动人员数(人)	235	455	341	275	347	267	145	134	181
A_{21}科技创新投入强度(%)	0.54	2.93	1.87	1.33	1.71	1.48	2.24	2.18	2.33
A_{22}环境与生态治理投入强度(%)	3.8	4.6	6.3	7.3	3.5	2.7	6.2	8.4	7.5
A_{23}员工学习培训支出强度(%)	0.19	0.17	0.11	0.36	0.25	0.56	0.38	0.42	0.55
A_{31}标准与专利数量(项)	16	27	27	46	13	60	48	54	21
A_{32}科技奖励数量(项)	13	10	11	18	16	11	25	19	19
A_{33}技术创新收益(万元)	12.28	14.13	12.83	13.5	14.18	12.15	16.5	23.28	16.54
A_{41}外部科研经费比例(%)	5.46	4.23	5.58	4.68	3.57	3.49	2.81	6.24	2.89
A_{42}科技活动经费占 GDP 比例	1.27	0.38	0.67	0.36	0.65	0.62	0.71	0.77	0.83

7.6.4　评价结果

依然按照之前设定好的函数:$Y = A_1 X_1 + A_2 X_2 + A_3 X_3 + \cdots + A_i X_i (i = 1, 2, 3, \cdots, n)$,其中 $A_i = \omega_i$,i 为方案层的指标数,ω_i 为评价指标中的合成权重,即层次总排序,计算各层元素对最高层合成权重,计算时采取自上而下的策略,对每一层都进行运算,最后就可以计算出最下面一层的每个元素对于系统总目标层即最高层的合成权重。

X_i 值由样本数据经归一化处理得出。将煤矿企业技术创新能力评价结果划分为 4 个等级:优秀、良好、一般、落后。拟定如下原则进行评价(Y 表示最后得分):$Y < 0.4$,落后;$0.4 \leqslant Y < 0.5$,一般;$0.5 \leqslant Y < 0.7$,良好;$Y > 0.7$,优秀。

把经过标准化处理后的样本数据带入线性评价函数公式计算,根据以上评价标准及原理,权重的评判采用专家评判的方法。

最后计算出31家样本煤炭企业技术创新能力评价值如表7-16所示。

表 7-16　31 家样本煤炭企业技术创新能力评价值

序号	1	2	3	4	5	6	7	8	9	10	11	12	13	14	15
评级	落后	落后	落后	良好	一般	一般	良好	优秀	良好	一般	良好	良好	良好	良好	优秀
16	17	18	19	20	21	22	23	24	25	26	27	28	29	30	31
一般	良好	优秀	一般	优秀	良好	良好	优秀	优秀	优秀	一般	优秀	优秀	良好	良好	良好

本章用层次分析法(AHP)建立了煤炭企业创新能力评价体系和评价标准模型,在一定程度上刺激了煤炭企业创新能力的发展。在主观判断上做出的分析,难免会有偏差,因此,在运用指标体系进行评价时,最好选择几位专家同时进行,并对其结果进行综合评价。

第8章 基于粒子群优化神经网络的煤矿技术创新评价研究

8.1 神经网络算法及其改进研究

8.1.1 人工神经网络及类型

人工神经网络（ArtifiCial Neural Network，ANN）是人工智能领域研究的热点之一。人工神经网络涉及模式识别、数据分类、综合评价等领域，乃人工智能领域科研一大热点。人工神经网络亦可称为神经网络，其结构与大脑神经元衔接的结构相似，是一种计算机数学模型，由大量神经元节点相互连接，能够对信息进行相关处理。对于其中一个神经元来讲，其结构和功能都非常简单，而将若干这样的神经元积聚在一起，构成一个网络系统时，就可以实现很多复杂的功能。因而，可以应用人工神经网络记忆存储、分布式并行等功能对信息进行处理，另一方面可以建立专家系统。神经网络是一门模拟大脑神经元结构的信息处理科学，在模式识别及非线性系统等领域已做出重大贡献。其功能特点主要有：

（1）容错性较强，局部损坏对全局影响小；

（2）神经单元之间物理关系分布式存储；

（3）连接权系的动态变化决定系统的训练与识别；

（4）记忆与学习能力强。

人工神经网络采取多个输入、单个输出的运算模式，输入与输出之间为非线性映射，所以将其抽象为非线性数学模型：

$$Y_i = f(\sum_{j=1}^{n} X_j W_{ji} - \theta_i) \tag{8-1}$$

式中，X_j 为输入信号，$j=(1,2,\cdots,n)$；W_{ji} 为神经单元之间的连接权；θ_i 为阈值；$f(\cdot)$ 为传递函数，为非线性形式；Y_i 为输出。

典型的神经单元结构主要包含以下几个要素：

（1）神经元输入；

（2）各层连接权值和阈值。连接强度由权值来表征，权值出现负值代表抑制，正值代表激励；

（3）求和函数，用来获取每个输入信息的加权之和；

（4）传递函数，控制非线性映射，同时限制输出值在一定的范围之内；

（5）神经元输出。

近些年来出现了多种多样神经网络模型，这些结构对人类神经系统进行了多种层次模拟及学习（感知器网络、RBP网络、Hopfield及BP网络都是典型的模型）。根据网络拓扑结构分类，分为前向神经网络、反馈前向神经网络以及互联型神经网络；根据网络的学习方法分类，可以分为有导师的学习网络和无导师的学习网络；根据网络性能划分，分为确定型神经网络、随机型神经网络、离散型神经网络和连续型神经网络；此外，还能分为静态神经网络、动态神经网络。上述网络模型都具有数据分类、函数逼近、寻优运算及模式识别等功能。

8.1.2　BP神经网络

McCelland和Rumelhart的研究团队于1986年第一次提出了BP神经网络。BP神经网络利用最小标准差训练模式，在标准差达到最小时结束训练，是一类多层前向网络。

1. 基本结构

BP神经网络（Back Propagation Neural Network，BPNN），一类误差逆向传导的多层前馈网络，包括输入、输出和若干中间层。神经元间的激励函数通常是S型函数，也可采用线性函数。因为同层的神经单元之间没有相关联的地方，所以神经元与前后层神经单元之间具有固定的输入和输出的关系，即神经元的输入只能从上层单元获得，输出即是下层神经单元的输入。神经网络示意图如图8-1所示。

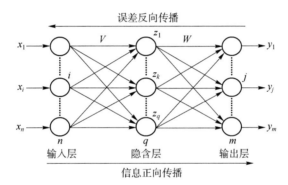

图 8-1　BP神经网络示意图

2. 学习算法及算法流程

BP算法以网络均方差作为目标函数，利用梯度法进行最小值计算，属于迭代算法。它通过误差逆向传导来不间断修正各层连接权值和阈值，让误差达到预设精度。学习过程有两部分，为输入信号前向传播与误差信号逆向传播。

（1）输入信号前向传导：输入向量经由输入层到达中间层，然后到达输出层，生成输出信号。在这个传播过程中，网络权值是个常数，而且当前神经单元的状态只对相邻神经单元的状态造成影响。

（2）误差信号逆向传导：误差信号是输出端的实际输出值与目标输出值之差，误差信号在输出层开始逆向传播，在传播的过程中对每一层连接权值和阈值按照梯度下降法来修正，网络权值得到不断调节，在这种情况下，输出端的实际输出就可以不断逼近目标输出值。

BP算法流程图如图8-2所示。

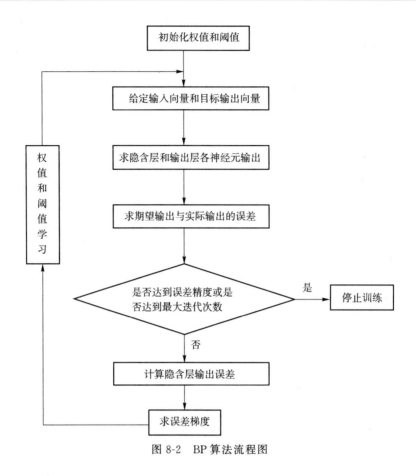

图 8-2　BP 算法流程图

3. 算法特征及缺点

（1）算法特征

① 并行处理：BP 神经网络具备很大程度并行实现功能，非常适用于动态分析和实时控制。

② 自学习和自适应：在训练过程中，BP 算法可以通过学习自动归纳输入、输出之间的相互规律，并通过自适应将获取的信息存储在网络的各个权值中。

③ 非线性映射：可以容纳很多的输入与输出模式间的函数关系，只要外界可以给模型提供足够的样本来展开训练，网络就能够自动进行输入与输出、N 维空间与 M 维空间之间的非线性映射关系，同时无须探究有关映射的数学模型。

④ 泛化能力：当向网络输入与训练样本数据不同的数据时，也可以识别并进行从输入到输出的准确映射。

⑤ 容错能力：当样本数据含有比较大的误差甚至出现错误的时候，网络仍然能够按输入、输出规律进行计算。

（2）算法缺点

从原理上说，BP 算法采用梯度下降法进行权值和阈值的修正，一般会出现锯齿现象，这样算法效率就降低了；同时用于寻优的目标函数有着较高的复杂程度，部分平坦区域就可能出现在神经网络输出值逼近 0 或者 1 时,在这种情况下,权值误差接近于某个常数,这样就造成训练停滞。这两种情况都会造成收敛速度慢的缺陷;BP 算法连接权值和阈值都是按局部方向进行修正的,导致算法只能够收敛到局部极值点。另外,该方法对初始连接权值和阈值的反应十分敏捷,如若给网络初始权值和阈值赋予相异的值,那么,它通常会收敛到相异局部极值点;中间层具体层数和具体节点数通常是采取反复试验进行选择,目前,在理论上还没有非常明确的数学模型作为依据。在这种情况下,网络冗余性通常比较大,给网络训练增加了相应的负担。

8.1.3　智能算法优化神经网络

随着人工智能算法的快速发展,人们逐渐将智能算法与神经网络结合起来,运用多种智能算法训练人工神经网络,比如遗传算法、PSO 算法、蚁群算法,如此既发挥了神经网络的非线性能力、自组织等优点,也提升神经网络学习能力与收敛速度。利用智能算法优化神经网络大体可从以下几个层面来介绍。

(1) 优化神经网络的权值和阈值

根据给定的网络,罗列所有神经单元,并且把每个神经单元可能的连接权编码成为二进制或是由实数码串表达的个体。随机生成码串群体按照常规方法进行操作。将新生成的码串解码成神经网络,算出训练样本中通过网络生成的均方误差,由此判定每个个体的适应度。

(2) 优化神经网络的结构和规则

应用人工智能算法优化神经网络结构,包括网络的学习规则及相关联参数。该方法将没有训练的网络结构和学习规则编成码串表征的个体,但是该方法的搜寻空间范围不大,存在着一定缺陷。在这个过程中,每一个被选定的个体都需解码成未训练的神经网络,然后经由正常的训练来确定连接权,所以造成网络的收敛速度缓慢。

(3) 同时优化神经网络的连接权值与结构

Vittori 指出运用粒度编码的方法提升连接权的精度,不过粒度控制容易造成个体适应度不连续变化,而减缓算法收敛速度。

8.1.4　改进的 BP 算法

1. 拟牛顿算法

牛顿迭代方法建立在二阶泰勒级数基础之上,是一种快速的优化算法,其计算方式为

$$w^{k+1} = w^k + \Delta w = w^k - A_k^{-1} g_k \tag{8-2}$$

式中,A_k 是误差在目前权值和阈值的 Hessian 矩阵,g_k 是误差梯度。

该算法收敛速度好,但 Hessian 矩阵的计算量对于前向神经网络十分烦琐,训练代价要大一些。

2. 附加动量项法

附加动量项的方法在梯度下降算法的过程中添加动量因子 $\alpha(0 < \alpha < 1)$

$$\Delta w^{k+1}=-\eta\frac{\partial E}{\partial w^k}+\alpha\Delta w^k \tag{8-3}$$

BP 算法调整各层之间连接权值与阈值时,同时考虑计算误差在梯度、曲面上的作用,而且对网络上细微的变动无反应。该算法是以修订结果作用下一次的修正,同一梯度的变化跟动量因子 α 变化一样。总是尽量使在同梯度的修正量增长。由于修正超过一定限度时,该方法能够自动将修正量减少,以保证修正方向朝收敛的趋势进行,所以在使用时,即使学习速率设置较大,也不会造成训练发散。

3. 自适应学习速率

在标准 BP 算法中,学习速率 η 是个常数,这相当程度上决定了学习算法的性能,学习速率选择很重要,偏大可能会引起算法震荡,偏小又会引起收敛速度慢、训练时间长等弊端,而在训练前,也不能直接选出最适合的学习速率。在工程上、在训练中也可以对学习速率任意地调节,这样可以使算法朝着误差性能曲面进行调整。

4. Levenberg-Maqruard 算法

Levenberg-Maqruard 算法(LM 算法)和拟牛顿算法相似,权值调整率计算公式为

$$\Delta w=-(\boldsymbol{J}^{\mathrm{T}}\boldsymbol{J}+u\boldsymbol{I})^{-1}\boldsymbol{J}^{\mathrm{T}}\boldsymbol{e} \tag{8-4}$$

式中,$\boldsymbol{J}$ 是误差对权值求导的雅可比矩阵,μ 是自适应变化学习速率,$\boldsymbol{I}$ 是单位矩阵,$\boldsymbol{e}$ 是网络误差向量。该算法可以于两种极端状况之间相互转变:从式(8-4)中可以得出,当 μ 值偏小时,该算法就转变成拟牛顿算法,当 μ 值偏大时,该算法就转变成梯度下降法。拟牛顿法能以更快的速度接近于最小误差,且更加精确。因此在每次迭代成功后,减小 μ,这样就会更加接近拟牛顿算法。

LM 算法亦可称为 LMBP 算法,其性能非常稳定,在具体的研究过程中,用各种 BP 算法来训练某一样本时,能体现出该算法在收敛速度、迭代次数方面较其他算法有明显的优势,适用于网络在线训练,同时也是拟牛顿算法的变形,不用运算 Hessina 矩阵却具备逼近 Hessina 矩阵的学习速率。LM 算法较传统的 BP 算法很大程度上优化了收敛速度的问题。

改进的 BP 算法,为后续具体的优化和应用做了必不可少的铺垫。

8.2　粒子群智能优化算法研究

PSO(Particle Swarm Optimization)算法是一种群智能优化算法,它由美国 Kennedy 与 Eberhart 受到鸟群飞行行为的启发后提出。PSO 算法自提出后就一直受到广泛关注并得到了很多改进,大部分是针对惯性权重系数的改进。

8.2.1　粒子群基本原理

粒子群算法模拟的是种群找寻食物的过程。在该算法中,把需要优化的问题看成正在飞翔寻找食物的鸟群,食物就是需要优化的问题,正在飞翔的鸟儿是 PSO 算法中实施搜索的每个粒子。这群"粒子"以一定速度在空间中不断飞翔,个体粒子根据本身飞行经验与其他鸟儿经验来不断调节自身的速度。在迭代过程中,每个粒子依据自身最好的位置和群体

最好的位置不断地调整自己的位置和速度,在搜索过程中所有粒子都有一个适应度作为目标函数,用来评价粒子的优劣程度,把相对优秀的粒子逐步移动到较好的区域,以达到群体最优解为目的。PSO算法的数学表示如下:

第 i 个粒子的位置: $x_i = (x_{i1}, x_{i2}, \cdots, x_{iD})$。

第 i 个粒子的速度: $v = (v_{i1}, v_{i2}, \cdots, v_{iD})$。

第 i 个粒子的搜索到个体最优位置值: $p_i = (p_{i1}, p_{i2}, \cdots, p_{iD})$。

群体搜索到的全局最优位置值: $p_g = (p_{g1}, p_{g2}, \cdots, p_{gD})$。

在每一次的迭代过程,粒子 i 通过下面的公式来更新自身速度和位置:

$$v_{id}^{t+1} = v_{id}^t + c_1 r_1 (p_{id} - x_{id}^t) + c_2 r_2 (p_{gd} - x_{id}^t) \tag{8-5}$$

$$x_{id}^{t+1} = x_{id}^t + v_{id}^{t+1} \tag{8-6}$$

8.2.2　算法基本流程

1998 年 Shi Y[33] 等人在进化算法的国际会议上引入了惯性权重因子 w,将粒子群算法的速度公式更新为

$$v_{id}^{t+1} = \omega v_{id}^t + c_1 r_1 (p_{id} - x_{id}^t) + c_2 r_2 (p_{gd} - x_{id}^t) \tag{8-7}$$

带惯性权重因子粒子群算法被称为标准的粒子群算法。当惯性权重取的值比较大时,全局搜索能力比较强,局部搜索能力比较弱;当惯性权重取的值比较小时,则全局搜索的能力弱,而局部的搜索能力比较强,Shi Y 等人对其又进一步研究后发现,动态权重可获得更佳寻优结果,因此建议运用线性递减的权值(Linearly Decreasing Weight,LDW)策略,其表达式可表示为

$$w = w_{\max} - \frac{w_{\max} - w_{\min}}{\mathrm{it}_{\max}} \cdot \mathrm{iter} \tag{8-8}$$

式中, $w_{\max}$、$w_{\min}$ 是权重因子的最大值与最小值,iter 和 $\mathrm{it}_{\max}$ 是当前迭代次数和迭代最大次数。LDW 策略的提出使得权重因子随迭代次数的增加而缓慢递减,并且动态调节了之前迭代速度对当前速度的影响,提高了算法的收敛能力,并成功应用于多数实际问题,是目前使用较多的一种方法。标准 PSO 算法的流程如下:

(1) 对粒子群初始化,随机选择群体粒子,规模为 M,对位置和速度初始化;

(2) 由适应度函数得出单个个体的适应度值;

(3) 最优个体极值,每个粒子的适应度值和它经历的最佳自身位置比对,如果好则将它作为当前的最佳位置;

(4) 最优全局极值,将它的适应度值和它经历的群体最好位置比对,如果好则作为当前全局最佳位置;

(5) 根据粒子的速度公式和位置公式更新粒子速度和位置;

(6) 判定它是否满足结束条件,达到预设最大迭代的次数,或是达到目标误差精度,如果满足则可以退出,否则继续进行步骤(2);

PSO 算法流程图如图 8-3 所示。

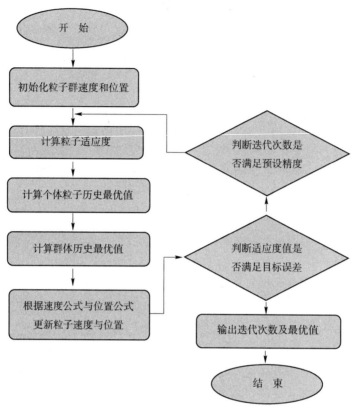

图 8-3 PSO 算法流程图

8.2.3 参数设置分析

方法中参数对算法性能及结果起到至关重要的作用,选择合适的指标参数是 PSO 的另一个关键研究。主要的参数有:惯性权重因子 w、学习因子 c_1 和 c_2、粒子最大速度 $v_{\max}$ 和种群规模 M 等。

(1)惯性权重因子 w

惯性权重系数 w 使得粒子可以维持一定的惯性并开拓自身搜索范围,对算法整体性能起到重要作用。当 w 较大时,全局搜索能力比较强,能扩展粒子搜索空间,可找到较新解域,但如果 w 过大,粒子可能会跳出最优;当 w 较小的时候,局部搜索能力比较强,粒子在子空间内可找出更优的解,但会延长搜寻时间;如果 w 为 0,则速度无法记忆性调整,只能在有限区域搜索。所以合适的权重因子能够使得粒子全局搜索能力与局部搜索能力达到一种动态的平衡,增强寻优的能力。当前应用最为广泛的是权值线性递减的方法。

(2)学习因子 c_i

学习因子也可称为加速因子,这两个参数使得粒子拥有自身总结能力、向群体中其他优秀粒子学习的能力,进而使得本身向群体内最优极值靠近。学习因子决定了粒子自身经验和群体对粒子运动的作用,它控制粒子与目标位置之间的距离。在 c_1 和 c_2 取值较小的时候,粒子可在目标区域内来回徘徊,若 c_1 和 c_2 取值较大的时候,会导致粒子冲出目标区域;当 c_1 为 0,c_2 不为 0 时,粒子只有社会经验,而没有自身经验,这种情况称为全局 PSO 算法,特点是收敛速度较快,不过复杂的问题极易陷入局部最优;当 c_1 不为 0,c_2 为 0 时,粒子只有自身经验,而没有社会经验,这种情况称为局部 PSO 算法,特点是搜索速度慢,得不到最优解,原因是在搜索中,个体间没有信息交流,只依靠自身经验进行盲目搜索。对比惯性权重研究来讲,学习因子研究成果较少,在通常情况下 c_1 和 c_2 取值都为 2 时,在其他同等条件下可得到较好的解,不过也有一些改进策略,Ratnaweera A 提出动态调整学习因子策略,认为当学习因子线性递减、递增的时候可以加强粒子的寻优效果。选择合适的学习因子进行搭配,可使得粒子搜索速度加快,并且更少地避免粒子陷入局部最优解。

（3）粒子最大速度 v_{max}

v_{max} 用来控制粒子速度,粒子的速度在空间的任一个维度上都有速度范围的控制,为 $[-v_{max}, v_{max}]$,这定义了问题的搜索力度。若 v_{max} 取值太大,则会导致粒子飞出优秀区域;若 v_{max} 取值过小,则又会导致粒子不能对局部最佳之外的区域充分搜索,导致陷入局部最佳,不能跳出局部最优到达更好的位置。这个值由用户根据具体问题而定。

（4）种群规模 M

种群规模并没有明确规定,由具体的问题而判定,粒子的规模一般选取为 $20\sim50$,对大部分问题而言,设置 10 个粒子就能够取得较好效果,但对一些较刁钻的问题,需要取到 $100\sim200$。张丽平在试验中通过研究 7 种测试函数的寻优分析,发现有 5 种函数在粒子数大于 50 时,种群数目关于 PSO 的作用较小,但小于 50 时,关于算法性能存在一定的影响。总的来说,M 越小,方法越易陷入局部最佳;M 越大,算法性能就越好,不过收敛速率会变缓。

粒子群算法作为一种新的人工智能算法,在应用方面已经取得一些成果,但是理论还尚不成熟,基本的粒子群还存在很多缺点,比如过早收敛、稳定性差等。所以,后续需要对其进一步探讨和研究。

8.3　改进的粒子群算法与优化的神经网络模型

研究人员针对 PSO 算法存在的缺点对算法进行了大量改进,以对惯性权重的改进或对基于其他算法相结合的改进居多,与其他方法相结合形成混合算法收获了不错的成果,但却增加了算法复杂度,这对于大量数据的应用是不科学的。通过本章对 PSO 算法具体参数分析,得知学习因子关于优化性能同样起着非常关键的作用。为了提高算法性能和保持粒子在进化过程中的多样性,本章提出采用不同方式分别对惯性权重和学习因子同时优化的方法,用改进的 PSO 优化神经网络结构及各个参数。

8.3.1　PSO 优化神经网络的可行性分析

近些年来,BP 神经网络模型在很多研究领域大量运用,不过在方法实现中,梯度下降法太过依托于初始权值的设定,BP 算法训练时间长、容易陷入局部极值,粒子群算法收敛速度较快、记忆力好、全局搜索能力也良好。

BP 神经网络与 PSO 算法同样是由模仿生物的特点而形成,拥有相当的一致性,由此可将两者综合到一起,运用 PSO 算法来优化 BP 神经网络权重值,从而补救神经网络关于收敛速度与学习能力上的缺点,以最大限度发挥神经网络非线性映射的特点。

8.3.2　粒子群算法的改进思想及参数设置

1. 惯性权重改进

在大量优化的 PSO 算法中,以运用线性递减方法改进惯性权重居多,但在实际工程中,这并不能很好地反映粒子烦琐的非线性轨迹,目标函数给出的信息不能被充分利用,导致搜索趋势的预期性不好。在开始阶段,惯性权重值能够赋予利于全局搜索的很大的值,不过算法的消耗比较大,且收敛速度慢;在后半阶段可以取到利于算法收敛的较小的值,但又易于陷入局部极值。当开始阶段未找到适合的惯性权值时,方法难于收敛到粒子最佳的点。

倘若采用随机数的方式调节惯性权值,则惯性权值在后来阶段也能取到较优的值,便能跳出局部最优,利于维持种群多样性和搜索能力,同时利于加速算法收敛。随机的惯性权值 w 公式可修正为

$$w = 0.5 + \text{rand}/2 \tag{8-9}$$

式中,rand 函数是在 $[0,1]$ 区间内均匀分布的随机数值。

2. 学习因子的改进

学习因子 c_1 控制粒子朝个体最优方向搜索的最大步长,学习因子 c_2 控制粒子朝全局最优方向搜索的最大步长,两个因子反映出单个个体的自身经验和社会经验,控制个体飞行轨迹和粒子之间的信息交互。则合适的 c_1 和 c_2 值既能加速收敛,还能减少陷入局部极值的可能性。毛恒在论文中对 c_1 和 c_2 做了非线性调整配对实验后发现,当 c_1 与 c_2 之和小于 3 时,其算法优化性能最佳。这里运用异步变化的方法调节学习因子,使粒子在训练后半阶段可以较多地向社会最好的解学习,减少向本身最优解的学习,这样利于维持种群多样性并提升收敛速度。

具体修改如下所示:

$$c_1 = c_{1i} - (c_{1i} - c_{1f})(k/T_{\max}) \tag{8-10}$$

$$c_2 = c_{2i} - (c_{2f} - c_{2i})(k/T_{\max}) \tag{8-11}$$

式中,c_1 和 c_2 的初始值分别是 $c_{1\text{ini}}$ 和 $c_{2\text{ini}}$,迭代终值分别为 $c_{1\text{fin}}$ 和 $c_{2\text{fin}}$,k 为目前迭代次数,$T_{\max}$ 为最大的迭代次数。

3. 最大速度的改进

粒子的速度制约着粒子的搜索性能,最大速度定义了粒子在单次迭代中最大的移动距离,合适的最大速度值有利于防止搜索发散,$v_{\max}$ 值设定越大,粒子的探索能力越强,但容易造成粒子忽略较优的解;$v_{\max}$ 值设定越小,粒子的探索能力则会变小,从而制约粒子的探索性能,造成粒子滞留在局部进行搜索,而不能搜索更大的范围,如此就将算法易于陷入局部最优。从某种层面上讲,速度最大值限定了每维变量的变化范围,选择最大值问题需对研究的问题有一定的先验知识,本文设置为 $[-1,1]$。

8.3.3　改进的 PSO 算法优化神经网络模型

BP 神经网络对初始权值设置比较敏感,对于复杂多维问题,后期会有收敛速度缓慢与易于陷入局部极值的缺点,然而 PSO 算法参数少、收敛速度好、全局探索能力好。将改进的粒子群算法,改进三层前馈神经网络的连接权值与阈值,可以很好地弥补神经网络含有的缺陷,并有效提高神经网络的性能。

用公式来描述 PSO-BP 神经网络的优化模型：

$$
\begin{cases}
\min E(w,v,\theta,r) = \dfrac{1}{M}\sum_{k=1}^{M}\sum_{t=1}^{L}\big[\boldsymbol{y}_k(t)-\hat{\boldsymbol{y}}_k(t)\big]^2 < \varepsilon & (8\text{-}12)\\[3mm]
\hat{\boldsymbol{y}}_k(t)=\sum_{j=1}^{p}\big(f(\sum_{i=1}^{m}\boldsymbol{X}_i w_{ij}+\theta_{jl})\big)v_{jl}+r_t & (8\text{-}13)\\[3mm]
f(x)=\dfrac{1}{1+e^{-x}} & (8\text{-}14)\\[3mm]
并使得\ w\in R^{m\times p},\ v\in R^{p\times L},\ \theta\in R^{p},\ r\in R^{L} & (8\text{-}15)
\end{cases}
$$

式中，$\boldsymbol{X}_i$ 是输入的训练样本矩阵，$\hat{\boldsymbol{y}}_k(t)$ 是网络实际输出矩阵，$\boldsymbol{y}_k(t)$ 为训练样本期望输出矩阵。将 PSO 算法应用到神经网络模型中，需要为 PSO 提供合适的适应度函数，后者用于评价群体中单个粒子优劣的标准，对于问题的相异，设计的适应度函数同样不尽相同。粒子优劣程度表示神经网络训练的准确程度。在训练过程中，样本学习的均方差越小，对应的粒子适应度就越好，所以采用产生的均方差作为适应度函数，定义公式如下：

$$
f(t)=1\Big/\Big[1+\dfrac{1}{M}\sum_{i=1}^{M}\sum_{j}^{d}(\boldsymbol{y}_i(t)-\hat{\boldsymbol{y}}_i(t))^2\Big] \tag{8-16}
$$

现在用三层前馈神经网络作为例子，改良后 PSO 优化神经网络基本流程如下：

（1）参数初始化，并随机生成初始群体：种群规模 M；确定输入层、中间层、输出层节点数；学习因子；目标误差；权重系数、个体粒子位置、速度范围设置在$[-1,1]$范围内；随机生成个体的速度向量、位置向量，以表征神经网络连接权值与阈值。

（2）编码方式和群体初始编码的格式：对粒子位置、速度进行实数编码，形成空间解向量，每个解对应每个粒子的位置。其中，粒子位置矩阵包括：连接权值矩阵、阈值矩阵，粒子群编码的方式如式（8-17）所示。

$$
\mathrm{pop}=\begin{pmatrix}
x_{11} & \cdots & x_{1d} & v_{11} & \cdots & v_{1d} & f(x)\\
\vdots & & \vdots & \vdots & & \vdots & \vdots\\
x_{M1} & \cdots & x_{Md} & v_{M1} & \cdots & v_{Md} & f(x)
\end{pmatrix} \tag{8-17}
$$

随机产生初始群体矩阵需要满足编码要求。

（3）输入训练样本集，由设定的适应度函数公式，分别算出单个粒子适应度值，获得初始化个体经过的最优位置 P_{id} 和群体经历的最优位置 P_{gd}。

（4）结合改进参数的速度和位置公式，更新每个粒子的速度和位置，并验证粒子位置和速度是否在规定的范围之内，如越过上限则取上限值，如越过下限则取下限值。

（5）在目前迭代过程中，粒子适应度 $f(t)$ 若好于个体最佳极值的适应度 $f(p_{\mathrm{id}})$，可将粒子目前位置 x_{id} 代替 P_{id}；若优于全局极值的适应度 $f(p_{\mathrm{gd}})$，则将粒子当前位置 x_{id} 代替全局极值 P_{gd}。

（6）重复操作步骤（3）～步骤（4），一直等到迭代次数到了预设最大值或是适应度满足了条件。

（7）将进化后的最后一代群体进行解码，输出最终的解决方案，获取最优网络连接权值与阈值。

由改良的模型建立的算法流程图如图 8-4 所示。

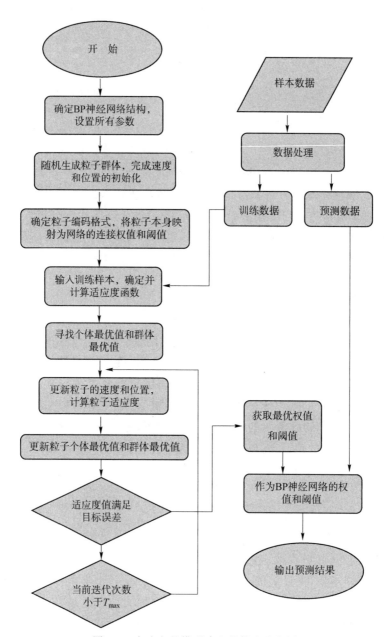

图 8-4 由改良的模型建立的算法流程图

本节将惯性权重和学习因子进行改善的粒子群算法优化 BP 神经网络模型,改良后的方法利用一定范围内的随机数调节连接权值,并保持了种群多样性,促进方法快速跳出局部极值;利用异步变化的策略调节学习因子,使得算法更加快速地收敛到全局最优,提升了神经网络的性能。

8.4 评价模型在煤矿技术创新中的应用

根据上述对评价模型的设计,本节进行具体的实验,开始阐述样本数据的来源与采集工作,并对其实施标准化处理,避免不同量纲的参数对评价结果造成影响,然后确定评价模型结构与各个参数,根据此目标对神经网络模型开展训练仿真和评价结果的比对分析。

8.4.1 数据来源及特征

本节是结合原国土资源部(现自然资源部)的公益性行业科研专项:绿色煤炭矿山标准研究 2012—2014(项目编号:201211003)进行的,中国矿业大学(北京)负责"煤炭企业技术创新能力评价"子课题。由于此课题系煤炭领域新兴项目,对全国煤炭企业现有的分类评级数据非常缺乏,数据采集工作困难。

最终用来进行仿真训练的数据来源于这几个渠道:一方面是从近几年来可查阅到的《科技年鉴》统计中获取,然后对数据进行筛选,提取有效数据;再者是利用本校矿业课程培训班,向参与培训的全国各家煤矿企业重要负责人发放调查问卷,提取有效问卷数据;最后是来源于对企业的实际调研,在项目过程中,项目组共走访 10 多家煤矿企业,集中在山西吕梁、河南焦作、内蒙古鄂尔多斯等地,数据来源真实可靠。样本数据经筛选后由专家组评定,结合层次分析法对样本数据进行评级并打分,这里将分值作为神经网络目标输出(原始数据见附录)。

8.4.2 数据标准化处理

由于采集到的数据单位不同会使得数值相差较大,如不进行归一化处理,大数值数据就会覆盖小数值数据。标准化处理一般是将数据换算到[0,1]区间以内。归一方法包括:最大最小值法、指数法等。这里采用常用的最大最小值法,该方法对数据进行线性变换,如此对原始数据信息保留较好。变换公式如下:

$$y_i = 0.1 + \frac{x_i - x_{\min}}{x_{\max} - x_{\min}} \times (0.9 - 0.1) \tag{8-18}$$

式中,y_i 表示归一化后的数据,x_i 是输入量,$x_{\max}$ 是输入量的最大值,$x_{\min}$ 是输入量的最小值。

8.4.3 神经网络结构设计

神经网络结构的合理与否将很大程度上影响评价结果,网络结构通常从网络层数、各层神经元个数等方面进行设计。

(1)网络层数确定

神经网络结构中含有输入层与输出层,所以中间层层数决定网络总层数。根据有关资料可知,三层的神经网络便能够无限趋近任何一个非线性函数。鉴于其简洁易行、并行性好、计算复杂度小等优势,三层网络是当前网络训练结构的第一选择,学者们已大量将其运用到各种工程之中。由此,这里拟建立一个三层神经网络模型,来展开技术创新能力评价。

(2)输入层神经元数确定

结合技术创新评价指标,整个体系包括 4 个一级指标和 10 个二级指标。这里根据二级指标数建立 10 个输入单元,故输入层神经元个数为 10。

（3）隐含层神经元数确定

隐含层的神经元数目是一个需要重点解决的问题，在实际工程项目中，经常会用经验来选取，后计算不同神经元数的误差，进行择优选取。

高大启曾经指出，隐含层数目的计算方法为

$$s=\sqrt{0.43mn+0.12n^2+2.54m+0.77n+0.35}+0.51 \tag{8-19}$$

式中，s 是中间层神经元数目，m 即是输入层神经元数目，n 即是输出层的神经元数目。

冯岑明指出，隐含层单元数目的确定方法为

$$n_1=\log_2 n \tag{8-20}$$

式中，n 为输入层神经元数目。

方德英指出，隐含层神经元数目最优计算方法为

$$n_1=\sqrt{n+m}+a \tag{8-21}$$

式中，n 是输入层单元数目，m 是输出层单元数目，a 为$[1,10]$区间内的常数。

这里采用确定隐含层神经元数目，输入层为10，输出层为1，所以隐含层神经元数目大致应在$[4,14]$之间，需通过实验来具体确定单元数目，这里在 MATLAB 平台中进行实验。实验环境为 Windows 8.1 系统，CPU 为 i3 M 300 2.13 GHz，内存为 3.87 GB，软件环境 MATLAB 7.12（R2011a）。取 11 组标准化后的数据进行训练，将隐含层数目分别设定为$[4,14]$中的数值，核心代码如下：

```
% 网络输入数据(原始数据经归一化处理后数据)
p1=[0.100 0.246 0.411 0.742 0.736 0.580 0.750 0.900 0.876 0.777 0.794;
    0.163 0.480 0.686 0.480 0.417 0.393 0.100 0.116 0.274 0.298 0.900;
    0.138 0.133 0.100 0.407 0.555 0.489 0.796 0.752 0.900 0.495 0.511;
    0.100 0.337 0.544 0.544 0.604 0.663 0.515 0.574 0.604 0.633 0.900;
    0.380 0.180 0.260 0.820 0.220 0.260 0.340 0.900 0.220 0.220 0.100;
    0.100 0.206 0.206 0.191 0.296 0.251 0.372 0.613 0.417 0.628 0.900;
    0.100 0.429 0.524 0.194 0.288 0.382 0.524 0.712 0.241 0.335 0.900;
    0.100 0.246 0.108 0.638 0.382 0.295 0.638 0.900 0.454 0.424 0.337;
    0.896 0.599 0.900 0.677 0.363 0.479 0.303 0.847 0.100 0.254 0.112;
    0.100 0.112 0.100 0.330 0.500 0.403 0.706 0.694 0.900 0.597 0.670];
% 目标输出
t1=[0.1996375 0.2893728 0.3527343 0.5220275 0.4634416 0.4366421 0.5663696 0.7438118 0.5428969
0.4766101 0.5839912];
% 创建 BP 神经网络,在这里反复更改隐含层节点数以确定具体个数;
net=newff(minmax(p1),[4,1],{' logsig ',' tansig '},' trainrp' );
net.trainparam.epochs=15000;
net.trainparam.goal=0.00001;
net.trainparam.show=25;
net=init(net);
net=train(net,p1,t1);
y1=sim(net,p1);
e=t1-y1;
```

```
res=norm(e);
%绘制 BP 网络训练误差图
figure(1);
plot(e,' - * ' );
title(' BP 网络预测误差' );
xlabel(' 样本' );
ylabel(' 误差' );
%绘制 BP 网络期望输出和实际输出图
figure(2);
plot(t1);
holdon
plot(y1,' r+' );
legend(' 期望输出',' 实际输出' );
title(' BP 网络实际输出与期望输出' );
xlabel(' 样本数' );
ylabel(' 函数输出' );
MSE=mse(e);
```

不同隐层节点数网络性能比较如表 8-1 所示。

表 8-1   不同隐层节点数网络性能比较

隐含层节点个数	训练次数	均方差（Mse）
4	259	0.000 009 93
5	312	0.000 009 98
6	139	0.000 009 71
7	147	0.000 009 85
8	115	0.000 009 78
9	235	0.000 009 93
10	164	0.000 009 94
11	172	0.000 009 84
12	114	0.000 009 42
13	129	0.000 009 71
14	104	0.000 009 36
15	109	0.000 009 85

通过对比得出，当隐含层节点数为 14 时，经过了 104 次迭代网络收敛，均方差为 0.000 009 36，且为最小，因此所建立的隐含层单元数为 14。

（4）输出层神经元数确定

输出层节点数目为 1，输出为技术创新能力评价分值。

8.4.4　训练及仿真测试

1. 神经网络模型训练

（1）神经网络参数设置

神经网络训练参数：网络均方差赋值 0.000 01，最大迭代次数赋值 15 000 次，学习速率为 0.03，输入层到中间层使用 Sigmoid（　）传递函数使用，中间层到输出层使用 Purlin（　）传递函数。

（2）BP 神经网络相关函数的选择

网络建立：网络建立工作是由函数 newff（　）来完成的，隐含层节点个数以及隐含层的层数、隐含层及输出层的激活函数、学习函数需要由用户自己根据实际情况来确定。

网络初始化：网络的初始化工作是由 init（　）函数来完成的，采用 NET＝init（net）的方式来对其进行调用。其中，net 表示返回函数，代表已经初始化后的神经网络，net 则表示未初始化网络。另外，神经网络各层权值和阈值的最初赋值工作也是由 init（　）函数来自动完成的，初始化时它会依照缺省的参数进行。

网络训练：本节使用 trainlm 函数来实现，它根据训练样本的输入矢量 p、目标矢量 t，和预先设置好的控制参数，对网络进行训练。

网络测试仿真：Sim（　）函数具有测试仿真的功能，在网络训练好之后，就可以使用测试数据来对其进行仿真演算。

利用粒子群算法优化神经网络的权值和阈值的核心代码如下：

```
net = newff(p, t, n, {' tansig' ,' purelin' }, ' trainlm' );
swarmCount = 20;                              %粒子数
swarmLength = 10;                             %粒子长度
vMax = 20;                                    %粒子运动最大速度
pMax = 2;                                     %粒子运动最大位置
swarm = rand(swarmCount, swarmLength);        %初始粒子群,即粒子的位置
v = rand(swarmCount, swarmLength);            %粒子的速度
swarmfitness = zeros(swarmCount, 1,' double' );   %粒子的适应度值
pBest = rand(swarmCount, swarmLength);        %个体最优值
pBestfitness = zeros(swarmCount, 1,' double' );   %个体最优适应度值
pBestfitness(:, :) = 100;
gBest = rand(1, swarmLength);                 %全局最优值
gBestfitness = 100;                           %全局最优适应度值
%
maxEpoch = 2000;                              %最大训练次数
errGoal = 0.01;                               %期望误差最小值
epoch = 1;
while (epoch < maxEpoch && gBestfitness > errGoal)
 for i = 1 : swarmCount
        %计算粒子的适应度值
        net.iw{1, 1} = swarm(i, 1 : 3)' ;
```

```
        net.b{1} = swarm(i, 4 : 6)';
        net.lw{2, 1} = swarm(i, 7 : 9);
        net.b{2} = swarm(i, 10 : 10);
        tout = sim(net, p);
        sse = sum((tout - t) .^ 2) /length(t);
        swarmfitness(i, 1) = sse;
        %更新个体最优值
        if (pBestfitness(i, 1) > sse)
            pBestfitness(i, 1) = sse;
            pBest(i, :) = swarm(i, :);
            %更新全局最优值
            if(gBestfitness > sse)
                gBestfitness = sse;
                gBest(1, :) = swarm(i, :);
        end    %更新粒子的速度和位置
        for i = 1 : swarmCount
v(i, :) = v(i, :) + c1* rand(1, 1)* (pBest(i, :)- swarm(i, :))+c2* rand(1, 1)* (gBest(1, :)- swarm(i, :));
end
net.iw{1, 1} = gBest(1, 1 : 3)';
net.b{1} = gBest(1, 4 : 6)';
net.lw{2, 1} = gBest(1, 7 : 9);
net.b{2} = gBest(1, 10 : 10);
tout = sim(net, p);
figure, plot(p, t,' k- ');
holdon;
plot(p, tout,' b- ');
```

传统 BP 神经网络模型的网络均方差的变化过程如图 8-5 所示。

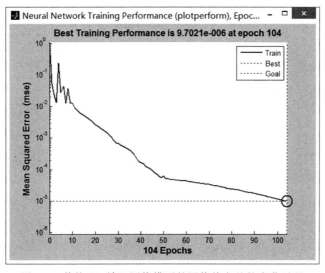

图 8-5 传统 BP 神经网络模型的网络均方差的变化过程

如图 8-5 所示,传统 BP 神经网络在迭代了 104 次后,网络均方差达到精度要求,其值为 0.000 009 702 1;粒子群算法优化 BP 神经网络的权值及阈值后均方差变化过程如图 8-6 所示。

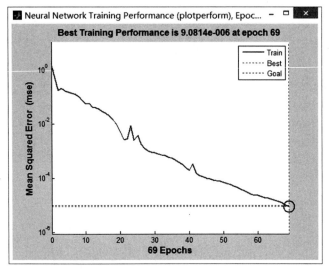

图 8-6　粒子群算法优化 BP 神经网络的权值及阈值后均方差走势图

利用改进的粒子群算法优化后的 BP 神经网络在迭代了 69 次后,网络均方差达到精度要求,其值为 0.000 009 081 4。由此可见,在同样的精度要求下,粒子群算法优化后的神经网络模型收敛速度更快,并且最终网络均方差更小。

神经网络训练实际输出与期望输出对比如图 8-7 所示,蓝线代表期望输出,红色"＋"代表网络实际输出,由图可知,实际输出与期望输出值拟合相对较好,训练样本的准确程度比较高,达到预期要求。神经网络训练网络误差值如图 8-8 所示。

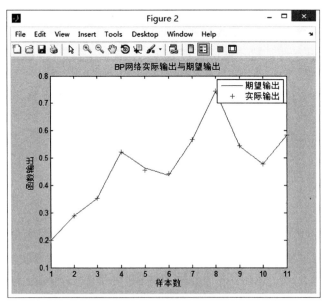

图 8-7　神经网络预测值图

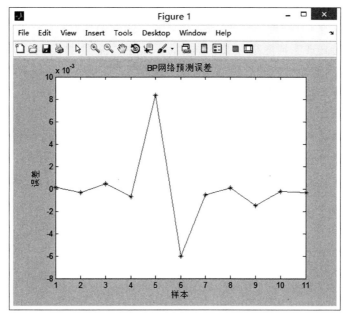

图 8-8　神经网络预测误差值图

2. 神经网络模型测试及结果分析

为了验证评价模型的可靠性和准确性,这里另外拿出 5 组样本数据作为测试样本,输入训练好的神经网络,得到实际评价值、实际评价值与期望评价值如表 8-2 和表 8-3 所示。

表 8-2　BP 神经网络测试评价值与期望评价值对照表

测试样本编号	期望评价值	实际评价值	误差率
1 号矿	0.212 506	0.245 155 584	7.4757%
2 号矿	0.320 178	0.391 261 643	8.3488%
3 号矿	0.421 061	0.444 271 136	3.4646%
4 号矿	0.519 912	0.556 208 511	5.3561%
5 号矿	0.431 021	0.474 189 032	7.2071%

表 8-3　PSO-BP 测试仿真评价值与期望评价值对照表

测试样本编号	期望评价值	实际评价值	误差率
1 号矿	0.212 506	0.230 364 416	2.4720%
2 号矿	0.320 178	0.353 771 363	3.5868%
3 号矿	0.421 061	0.473 463 376	8.0911%
4 号矿	0.519 912	0.536 208 051	2.0163%
5 号矿	0.431 021	0.424 185 198	3.5612%

从表 8-2 和表 8-3 可以看出,运用粒子群算法优化神经网络之后,即使很难保证每一个评定结果都优于标准 BP 神经网络评价结果,不过总体准确率有很好的提高,这说明粒子群算法对神经网络提高训练精度是有积极作用的。此外还说明,神经网络方法可以吸收专家判断经验,对测试样本做出比较准确的判断,证实了经过训练的神经网络结构是可以满足煤矿企业技术创新能力评价使用要求的,即评价模型的可靠性与精确性。

本节根据之前所设计的评价模型进行了仿真实验。首先介绍了数据来源,并对数据进行标准化处理。根据此期望值,对评价模型进行训练和测试仿真,结果表明此优化的神经网络可以满足误差精度的要求,训练速度较快,误差相对较小,建立的模型可用于煤炭企业技术创新能力评价。

第2部分 智慧矿山三维系统研究

第9章 煤矿智慧矿山建设综述

9.1 智慧矿山

智慧矿山就是在现有煤炭综合机械化的基础上,进一步实现智慧化发展的整合过程,是一个多学科交叉融合的复杂问题,涉及多系统、多层次、多技术、多专业、多领域、多工种相互匹配融合。智慧矿山的标志就是"无人",就是开采面无人作业、掘进面无人作业、危险场所无人作业、大型设备无人作业,直到整座矿山无人作业。整个矿山的各个方面都在智慧机器人和智慧设备下操作完成。

智慧矿山是基于物联网、云计算、大数据、人工智能等技术,集成各类传感器、自动控制器、传输网络、组件式软件等,形成一套智慧体系,能够主动感知、自动分析,依据深度学习的知识库,形成最优决策模型并对各环节实施自动调控,实现设计、生产、运营管理等环节安全、高效、智能、绿色的矿山。

智慧矿山建设能够改变原先煤炭企业粗放发展的方式,是实现煤矿高质量发展的重要支撑。通过描述智慧矿山发展的背景,分析当前国家和地方政府关于促进智慧矿山发展出台的相关政策与取得的成就,深入剖析了煤矿智能化发展遇到的管理和技术两个方面的问题,并且从设备感知层、网络传输层、数据支撑层、应用决策层四个维度构建了智慧矿山未来发展的框架,提出了实现智慧矿山高质量发展的关键技术,包括信息化网络架构、安全生产管控模式、智能决策和态势分析模式,最后提出促进智慧矿山高质量发展的对策建议。

9.2 智慧矿山的发展

建设煤炭智慧矿山是国家重点支持的能源技术创新方向之一。自 2016 年开始,国家陆续出台《能源技术革命创新行动计划(2016—2030 年)》《关于印发新一代人工智能发展规划的通知》《煤矿机器人重点研发目录》《关于加快煤矿智能化发展的指导意见》等政策,从科技创新、装备升级、信息化建设、金融支持等领域全方位支持煤炭智慧矿山建设。重点产煤省份也开始响应国家号召,相继出台具体实施方案支持煤炭智能化开采,工业互联网、5G、机器人、大数据中心、人工智能成为煤矿智慧矿山建设研究的重点领域,为智慧矿山建设奠定了坚实的基础。

近年来随着我国关于促进智慧矿山建设政策的不断出台,煤矿智能化发展不断加快,陆续建立了一系列创新联盟,包括"煤矿智能化开采技术创新中心""中国智慧矿山协同创新联盟""中国矿业大学(北京)智慧矿山与机器人研究院"等单位,为我国智慧矿山建设与推广起到积极推动作用。在多个矿区初步建立了"感知、互联、信息存储、信息分析、预测、决策控制"的基本框架。截至2020年年底,我国已建成494个智能化采掘工作面,为智慧煤矿建设奠定了坚实的基础。我国率先实现采煤工作面无人操作,引领了智能化开采技术的变革;我国自主研发的综采成套装备能够实现采煤机智能记忆割煤、液压支架跟机自动化、远程遥控等,大幅减少了工作面作业人员数量和劳动强度;实现了煤矿"井上井下一张图"建设,涵盖地测、采掘、通风、安全、机电、运输等多个业务,建立了空间数据库,为煤矿一体化管理提供实时、准确、全面的数据支撑。5G通信技术也在矿区得到了应用。

9.3　智慧矿山建设存在的问题

(1) 缺乏顶层设计。我国对于智慧矿山建设仍然缺少统一标准。缺乏统一规划与示范工程。煤矿智能化相关企业各自为政。

(2) 智能管理决策辅助不足。一些煤矿仅仅依靠简单的统计分析和经验判断进行智能决策分析,缺乏对海量数据、多因素进行实时智能分析的模型;受通信带宽、数据接口、传输时间、计算能力的限制,影响管理人员的决策;煤矿应急响应被动滞后,缺乏有效的预警机制。

(3) 装备智能化、稳定性程度需进一步提高。

(4) 数据传输能力不足,传感精度较差。

9.4　智慧矿山框架与关键技术

(1) 设备感知层。设备感知层是以物联网等技术为核心,对成果和数据进行集中采集,是智慧矿山的支撑。

(2) 网络传输层。网络传输层是设备感知层和数据支撑层的桥梁,主要是利用井下视频有限专网、有限、无线网络(5G、WiFi 6)等将设备感知层采集到的数据进行传输。

(3) 数据支撑层。数据支撑层是由煤炭企业基础信息、共享交换信息、业务信息、物联网信息、互联网信息建立的数据库,实现数据融合与应用融合。

(4) 应用决策层。应用决策层是面向不同业务部门实现按需服务,并通过PC应用端、移动App、调度大屏、门户网站多种方式进行展示,实现企业不同用户的需求。

(5) 大数据技术。由于大量传感器的应用必将产生海量的数据,需要大数据技术进行存储、管理、分析。大数据的挖掘与知识发现是智慧煤矿的核心技术之一,需要充分利用大数据处理技术挖掘数据背后的规律,为安全生产、管理决策提供及时有效的依据。

(6) 人工智能技术。主要是基于GIS的空间分析技术对煤矿的"人、机、环、管"进行协调优化,实现开采模式的自动生成和动态更新。将基于人工智能的故障检测、诊断及超前干预技术应用到机器人系统中,从而实现智能巡检机器人技术。

(7) 云计算技术。煤矿企业大数据在云计算技术的支撑下,资源存储、传输、管理等将会带来更大的优势。

第10章 智慧矿山三维系统综述

三维系统是智慧矿山建设的关键内容之一,同时也是智慧矿山的关键技术,智慧矿山的建设离不开三维系统研究。因为,根据煤矿开采的特点,矿井在设计及开采的过程中产生大量的空间数据和属性数据,并且具有很强的地理空间关系并随时间而发生变化。尤其对于多煤层开采、条件复杂的矿井,采用平面设计、在平面图中展示生产系统、安全监测系统、通防系统和生产设备等内容已不能满足安全生产管理的要求。"三维矿山系统"具有直观、空间位置关系清楚、信息量大并集成整合空间基础信息资源的特点,是构建数字化智能化矿井的坚实基础,是煤矿信息化天然的信息集成平台。在三维立体图上进行综合查询,可以直观、全面地掌握矿井的生产环境、生产过程及安全生产状况,随时反映矿井生产在时间、空间的变化情况等。因此,建立三维数字矿山系统,对于提高矿井安全生产的管理水平、提高应急情况下的快速反应和指挥能力、提高生产效率、加快企业信息化建设以及推动企业可持续发展与创新,在激烈的市场竞争中求生存、得发展,构建安全、高效、清洁的现代化矿井,都具有十分重要的意义。

矿井的三维本原性决定了三维空间是煤矿信息化天然的信息集成平台。充分利用三维数字矿山系统集成整合的优势,在我国煤炭行业开展三维矿山信息化研究是近期行业发展的必然趋势。

10.1 三维虚拟现实技术概念和特征

三维矿山系统是个综合处理系统,在系统的研建过程中涉及多门学科和多种技术,如计算机信息科学、通信学、地质学、采矿学、安全学、管理学、采矿工程学等以及信息技术、虚拟现实技术、数据库技术、软件工程技术、通信技术、管理技术、系统学科技术等,是多技术融合的产物。

三维虚拟现实技术是三维数字矿山系统中的关键技术之一,以虚拟现实为核心的空间信息技术是建设三维数字矿山系统的基础技术。三维虚拟现实技术是一种可以创建和体验虚拟世界的计算机仿真技术,它利用计算机生成一种模拟环境,是一种多源信息融合的交互式的三维动态视景和实体行为的系统仿真,使用户沉浸到该环境中去。

三维虚拟现实技术具有四个重要特征。

(1)多感知性

指除一般计算机所具有的视觉感知外,还有听觉感知、触觉感知、运动感知,甚至还包括味觉、嗅觉、感知等。理想的虚拟现实应该具有一切人所具有的感知功能。

(2)存在感

指用户感到作为主角存在于模拟环境中的真实程度。理想的模拟环境应该达到使用户难辨真假的程度。

（3）交互性

指用户对模拟环境内物体的可操作程度和从环境得到反馈的自然程度。

（4）自主性

指虚拟环境中的物体依据现实世界物理运动定律动作的程度。

虚拟现实技术是仿真技术的一个重要研究方向，是仿真技术与计算机图形学、人机接口技术、多媒体技术、传感技术、网络技术、动态环境建模技术，实时三维图形生成技术，立体显示技术，应用系统开发工具、系统集成技术等多种技术的集合，是一门富有挑战性的交叉技术、前沿学科和研究领域。虚拟现实技术不再局限于三维场景的展示制作，更多地向信息化、集成化方向发展，现在的虚拟现实三维场景与企业生产决策的业务操作系统结合，真正实现生产生活的三维化。

10.2　三维技术研究现状

20 世纪 60 年代，三维块段数据模型首先是从地质统计学视角，基于 kriging 法、距离反比法等建立，从而来表现地质矿体的赋存特征、信息特征及赋存状态；1978 年 Hunter G.M 提出了八叉树的数据模型；kavouras 等研究人员又以此为基础，进一步完善了相关研究，但仍然存在无法精确展现和表达矿体的表面及边界；1987 年 Carlson Eric 提出单纯复形模型，构建了反映地质矿体立体概念的地下空间结构理论。由此，系统化集成块段模型，对于表现地质矿体特征，反映三维特征值以及矿体本身的形态和表面特征具有重要价值；三维地学模型由 Raper J.F 于 1989 年提出；三维 gis 数据结构由 Fritsch 于 1990 年提出；20 世纪 90 年代初，Joe 创立了基于三维点集的局部变换构建三维 delaunay 三角形算法；不久，Molenar 又从立体四元素（点、弧、边、面）出发构建了形式化三维数据模型；21 世纪初，Houlding S.W、Li Rongxin 分别为三维可视化技术做出了贡献，在核心技术领域、多维数据技术领域提供了建模思路；近年来，Victor、Pilout M 促进了有关三维矢量数据模型 ten 的开发与应用；Lattuada 实现了 3ddt 在矿业地质领域的实际应用；之后，随着三维可视化应用技术的发展，Gruen、Zlatanova、Coors 分别促进实现了 v3d（混合模型）、ssm（点与面的三维模型）、udm（用平面凸壳面表示三维空间）的开发。

国内，首先对八叉树的三维地质数据模型进行综合研究的是国内学者韩建国、郭达志等人。其后不少学者在不同的领域基于三维信息模型进行了探索。赵树贤开发研究了基于界面三角网三维地质数据模型；傅国康探索了分形建模方法；李德仁从八叉树和四面体格网的视角探索了混合数据模型；3D 矢量拓扑模型由李青元提出，并探索了不规则三角形格网与结构实体几何的混合数据模型；另外，陈军、孙敏、程鹏、侯恩科等人分别从不同的角度探索了三维数据模型的研究。现在将 BIM 应用于三维建模中，具有广泛的应用前景。

10.3　存在的主要问题

由于煤炭行业自身特点，数字矿山建设的先进技术往往不能与煤炭企业进行有效的融合。由于不同矿区的矿井数字化水平参差不齐，自动化和信息化应用系统集成度差，"信息孤岛"现象的普遍存在,矿山信息不能实现共享,难以实现矿区整体数字化。所以,数字矿山在我国尽管经过十多年的发展,仍旧处于研究应用的起步阶段且存在一定问题。

（1）缺乏集成整合平台问题

目前,国内、外多数煤炭企业没有一个真正的、统一的、成熟和成功的数字化矿山的整体解决方案,矿山系统主要存在两个系统平台:ERP平台和矿井安全生产管理平台。即企业供应、销售、计划、财务、人力资源等系统建立在ERP平台上。由于采矿行业的专业性很强,ERP提供商做不了煤矿的安全生产综合管理系统,而能做矿井安全生产管理系统的提供商又做不了ERP系统。

（2）独立子系统问题

在矿井安全生产管理系统中,包括许多相互独立的子系统,如:地测信息管理系统、实时监控系统、调度信息管理系统、人员定位等,在一定程度上提高了矿区安全生产的信息化水平,但各矿存在安装的子系统不全,即信息不全现象;各子信息系统互不关联。各子系统之间缺乏信息共享,相互协调复杂,形成了"信息孤岛"。

（3）系统平台软件二维化且三维显示效果差问题

目前个别矿区虽有平台软件,但大多是二维的,即平面可视化,缺乏立体图的直观。现有的三维平台系统都存在三维显示效果差,视觉效果不好,显示速度慢、不流畅,出现马赛克等现象。

（4）海量数据管理问题

"数字化"带来了海量的数据,管理、归类及存储困难,管理者更加难以得到有效的决策依据。

（5）突发事件应急响应及处置决策问题

发生突发事件情况难以掌握,应急响应和处置决策经常"摸黑进行"。目前应急管理在文字图表和二维平面系统下分析,缺少可视化的矿区井上下场景,特别是需要集中关注:井下救援路线、救援力量分布、救援物资分布等。由于现有系统相互独立"互不通气",在处理应急事件时浪费了大量时间,影响应急事故救援。

（6）三维系统功能单一化、不成熟问题

三维可视化软件刚刚应用,属初期阶段,正面临"工业DOS"到"工业Windows"的重大变革阶段。现有国内外三维软件功能单一,无一覆盖矿山生产经营的整个流程,且性价比低,三维效果不理想。

（7）平台系统运行、性能稳定性及不支持大场景问题

目前矿山安装的系统平台缺乏稳定性,因系统中采集各种类型的数据,数据量大,运行过程中经常卡机、死机现象普遍。更不能忍受的是系统的运行速度慢,不能流畅地运行,因为三维系统很消耗计算机资源,对计算机的配置要求高,而矿山系统的绝大多数计算机都是采用集成显卡的办公计算机,不能应付大规模场景。

系统性能稳定性差,系统运行中经常出现莫名的错误,造成系统崩溃,且找不到具体原因,这都严重影响安全生产正常秩序及调度指挥效率。

（8）系统维护困难、操作复杂问题

矿山生产管理的复杂性决定数字矿山系统的复杂程度。矿山现有的系统平台界面非常复杂,用户操作烦琐且难度大。而矿山需要的是简单快捷,最好是不超过三键就能完成的操

作。特别是现有矿山系统维护复杂并且工作量大,根本不能实现实时维护,而且需要很强的专业技术人员才能胜任工作,但实际矿山的专业综合性人才奇缺,根本没有维护能力。这就造成系统用不起来,最终废弃。

10.4　三维系统研究内容

以地质、测量数据为基础,自动生成三维的地形、井巷工程立体图、三维钻孔、地层立体图。

在矿井采掘立体图中三维显示生产信息、实时动态的监测信息:瓦斯、一氧化碳等有害气体的三维分布、人员三维分布、安全与生产设备的三维分布及其运行状态(综合自动化系统监控信息:主扇、局扇、风门、采煤机、皮带、水泵、人车、压风机、煤仓煤位、水位),井上、井下视频监控图像,将矿井地面与地下的真实全貌(包含生产、设备运行状态)完整地展现出来。

系统平台具有自动进行实时报警、实时视频监视、生产进度动态展示、灾害模拟、语音通信、危险预警、空间查询分析、通风网络结算等功能。

在浏览器上真正实现三维地质体、井巷立体图、三维标注、三维漫游、三维立体图任意方位及角度的剖切。为矿井构建一个安全生产综合管理的数字化、自动化、信息化和三维可视化信息系统平台。

三维系统的主要内容如下:

(1)矿井生产环境的数字化与三维可视化(井巷工程、地表建筑、生产系统、地理信息的三维可视化);

(2)生产过程的数字化与三维可视化(掘进工程的进度、回采工程的时空变化、生产动态数据的采集与处理等,生产过程信息在三维采掘图中实时动态显示);

(3)安全生产监测监控信息联网及数据再处理(安全生产监测实时数据采集、分析、存储、发布);

(4)安全与生产调度管理三维可视化(安全监测数据和生产动态数据处理、分析;矿井安全生产实时工况展现,在三维采掘立体图中将安全生产监控信息、视频监控信息与生产、工程、地理信息同时显示、综合查询);

(5)集中管理(系统集中管理地测、设计、掘进、采煤、通风、供电、排水、运输系统运行路线、自动化数据查询、安全监测监控、人员定位以及救灾等矿井安全、生产环节);

(6)系统集成通信(能随时调用电话和广播功能,方便地进行通信联络);

(7)系统远程控制、三维空间分析及系统联动等;

(8)集成矿山现有子系统,并为新的子系统预留了扩展数据接口;

(9)子系统信息查询(从三维客户端在三维场景中查询安全及生产情况,调阅视频及进行通信等);

(10)应急预案;

(11)模拟矿井的生产过程(以培训员工安全意识,使员工尽快并熟练地掌握安全操作规范)。

三维系统研究的关键技术如下:

(1)数字矿井三维(包括三维建模及显示等)关键技术;

（2）矿山网络传输关键技术；

（3）系统性能及 CPU 处理等关键技术；

（4）后台支撑实时数据库关键技术；

（5）软件工程技术体系；

（6）矿山信息化现有子系统具体实际应用及数据接口技术；

（7）工业视频图像再压缩技术；

（8）系统设计技术等。

10.5 三维系统建设技术路线

开发"三维数字矿山系统"的目标是最终形成一个在国内、国际具有领先水平的综合性集成管理系统。使其成为矿井运转的核心系统、现代化矿井进行安全和生产管理的必备管理软件，而服务于矿井的筹建、生产、废弃的整个过程，集中管理地测、设计、掘进、采煤、通风、供电、排水、运输、自动化、监测、救灾等矿井安全和生产的各个环节并要具有高可靠性、集成性、量身定制性等。因此，可通过以下技术路线实现开发目标。

10.5.1 研究思路

1. 技术路线选择

目前，存在两种开发三维数字化矿山系统的方式。

一是采用 CAD、GIS、3DMAX 等第三方平台做二次开发。这种方式具有前期开发速度快，但随着各种应用功能的深入，第三方平台的各种局限会越来越束缚开发，甚至无法继续研发，如不支持大规模场景；不支持 B/S 模式；缺少某些必需的功能接口；购买费用高昂；安装部署麻烦等，最终无法开发出完全满足用户需求的三维系统。

二是企业自己开发，使用 C++、OPENGL、DIRECT3D 图形库，这种方式要求企业有一批高水平的、精通计算机图形学的程序员，需要漫长的开发周期，庞大的资金投入。采用完全自主开发的三维系统，具有最大的自由度，可以实现全部功能及极好的三维显示效果，并且通过各种优化技术可以得到很好的性能。由于系统完全自主开发，无须购买第三方平台软件，费用较低。但是自主开发三维系统的技术门槛比较高，要求开发企业具有较强的研发实力，需要更长的开发周期，开发企业在短期内得不到产品，没有回报。本三维系统已经经过数年的自主研发，解决了诸多技术难题，已经有了非常雄厚的技术基础及积累，已经形成了比较成熟的三维矿山系统，无论是功能、性能，还是视觉效果都非常优秀。

2. 采用渐进的开发模式

"三维数字矿山系统"是一个比较庞大的系统。因此是无法在短期内完成的。我们采用渐进的模式开发有两个好处，第一，可以进行模块构造，将部分开发速度较快的模块构造出来，可以较快见到效益。第二，通过边推广、边开发，可以不断接收到用户的反馈，促进产品的完善，使其更接近实际需求，避免闭门造车。这也是国际大公司通行的、成熟的开发模式。目前"三维数字矿山系统"已经初步开发完毕，并已经在一些矿井使用。

3. 专注于专业领域，专注于矿井

"三维数字矿山系统"是一个非常专业化的系统，必须有该领域的专家才能真正解决好矿井安全生产过程中存在的各种问题,项目组汇集一批采矿、地质、工程、自动化、CAD、企业管理、计算机方面的专家、人才,以集体的力量攻克难关,保证系统开发的成功。

4. 依托成熟的网络和计算机技术

"三维数字矿山系统"依托 TCP/IP 网络,构建在实时数据库上,采用 B/S 与 C/S 相结合的三层体系结构。这些技术都是当今先进的、成熟的技术,是各种大型软件普遍采用的、经过验证的可靠技术,能够满足矿井安全与生产管理在技术层面的要求。

10.5.2 研发步骤

研发步骤如图 10-1 所示。

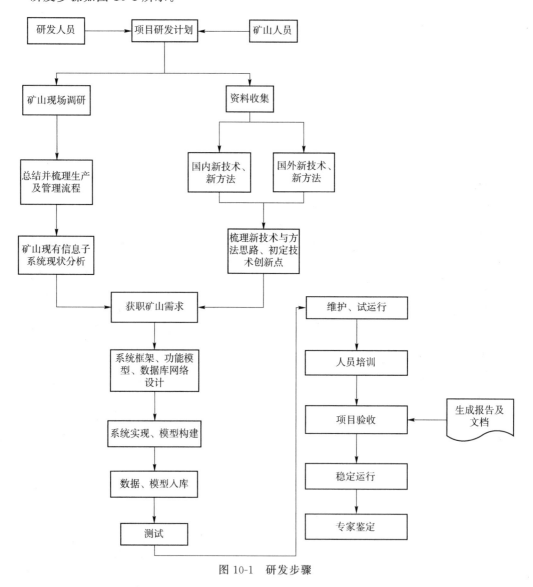

图 10-1 研发步骤

(1)制定项目工作计划,完成矿山初步调研,了解矿山生产及管理等工作流程;收集国内外相关技术资料;

（2）基于初步调研基础上，了解并分析矿山现有信息化子系统及网络结构现状，同时初步思考可能的技术创新点，初步完成调研报告；

（3）通过对调研资料的进一步分析，梳理矿山工作流程及子系统工作现状，与现场工作人员沟通，了解需求，进行需求分析，完成需求报告；

（4）进行系统框架设计、功能设计、数据库设计及矿山网络结构设计，完成设计报告；

（5）代码编写，系统、功能、数据库的实现；

（6）子系统接口分析、数据采集整理入库；构筑矿山生产、设施及环境模型并入库；

（7）模块、系统测试；

（8）系统试运行，同时不断维护，完善系统模块及相应功能等；

（9）矿山系统维护人员、系统操作人员等相关人员培训；

（10）项目验收，同时完成项目具体研究报告、用户手册、维护手册、总结及验收报告等相关文档资料；结合具体矿山特点和实际情况，邀请相关专家进行论证；提出改进及下一步的工作计划。

（11）系统正常运行，组织专家鉴定。

10.5.3　技术路线

技术路线如图 10-2 所示。

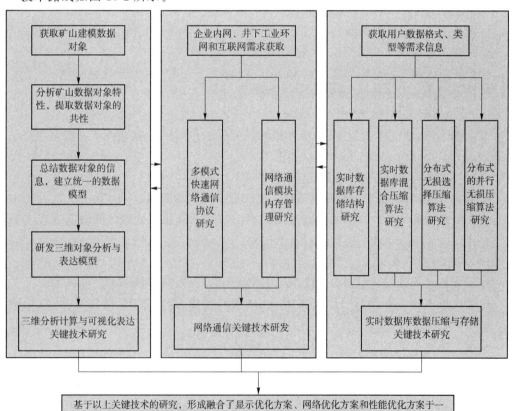

图 10-2　技术路线

（1）三维地理（地测）信息
- 采集或集成现有地测系统的钻孔数据和地测数据；
- 建立三维地理信息和井巷工程信息数据库；
- 由钻孔数据和断层数据，经过处理生成三维地层体；
- 由地测数据，经过处理生成井巷工程的三维图形；
- 建立含井巷工程与煤层一体的矿井三维可视化立体图。

（2）生产矿井辅助设计
- 以井巷工程与煤层一体的矿井三维可视化立体图为设计基础和依据，设计和布置开拓巷道、准备巷道；根据导线方位、距离和坡度及断面参数，自动生成三维巷道立体图。
- 煤巷布置设计与平面设计一样，系统自动将平面布置的煤巷导线投影到煤层上，生成沿煤层底板或顶板的三维立体图。自动每间隔一段距离进行插值，求出三维坐标、方位和坡度。
- 回采工作面设计根据回采巷道的布置，生成三维立体工作面图，计算工作面的技术参数、储量。
- 二维图形到三维图形的处理、转换。

（3）生产管理
以采掘设计三维立体图为基础，导入矿井生产信息，形成生产动态三维立体图：
- 回采工作面的动态位置、产量、进尺信息；
- 井巷工程掘进头的动态位置、进尺、总进尺；
- 矿井工况动态信息图形显示；
- 日常生产数据的存储、处理、统计、发布。

（4）安全监测管理
以采掘设计三维立体图为基础，接入瓦斯监测系统实时数据，实现在矿井安全生产状态的可视化。
- 矿井安全监测数据采集、联网与信息共享；
- 通过设置，自动将安全监测点与矿井生产状态图关联显示；
- 实时显示各种生产状态的安全监测信息（瓦斯、一氧化碳含量等实时信息在采掘立体图上三维分布和运行状态），自动报警。

（5）紧急避险系统集成
- 三维矿井采掘图显示紧急避险系统的位置，以及与各生产场所的空间关系；
- 避灾硐室内的各种监测信息实时显示：视频图像、人员数、瓦斯含量、一氧化碳含量等；
- 避灾硐室的技术参数、设备信息等。

（6）工业电视视频信息集成
将工业电视监控系统的视频信号接入系统平台，在综合信息查询中调用相关视频图像，但要求视频监控系统提供可在浏览器显示指定视频信号的调用地址和相关组件。

（7）人员定位系统集成
- 在厂矿实时动态工况图中实时显示全矿井井下人员总数、井下不同区域的人员分布。通过鼠标右键,查询任意分站地点的人员信息(名称、单位、岗位、卡号等)、人员下井累计时间、人员下井的轨迹,是否有超时等。

- 实现各部门下井人员的统计及其人员信息查询,禁区人员查询等功能。
- 在三维采掘图形中,三维显示不同区域人员分布情况,区域人员详细信息查询;
- 人员下井累计时间查询,人员轨迹查询及人员轨迹三维动画显示。

(8)综合自动化子系统集成

在系统平台上接入综合自动化子系统的相关重要数据,在矿井三维采掘立体图以及矿井动态工况图中展现以下子系统的实时信息:

- 风机监测系统;
- 通信联络协调;
- 压风自救系统;
- 供水施救系统;
- 皮带集中控制系统;
- 水位监测系统;
- 水泵监控系统;
- 提升系统;
- 矿压监测系统;
- 应急逃生系统。

(9)矿井实时警钟

在不须登入本系统的情况下(或在处理其他事务时),当安全监测系统有报警信息时,能够自动响起声音报警,并自动显示报警地点、类型和实时数据,达到及时提示了解矿井报警信息的作用。

10.5.4　系统实施流程

(1)分析调研矿山现有各个子系统运行现状、数据及接口,以备后续集成进三维平台。矿山目前都装有以下各个独立的子系统:安全监测系统、人员定位系统、产量监测系统、工业视频监控系统、井下水文监测系统、压风机监控系统、主通风机监测系统、矿压监测系统、有线电话系统、井下应急广播系统、电网监控系统、水泵房监控系统等。

(2)分析调研矿山整个网络体系现状、提出网络优化方案并实施井下和地面环网扩容,网络管理和配置进行优化,应达到提高内部网络容量;合理划分网段;设计网络冗余;保证网络安全;阻止网络风暴的形成,始终保持网络畅通。提出井下 WiFi 网络建设(含无线通信)方案。

(3)三维场景建模

构建以下对象的三维场景:

① 井下巷道、硐室(斜井、大巷、水平巷道、避难硐室、变电所、水泵房、水仓等)。

② 综采面(采面、采空区、综采三机设备、液压支架、综采推进记录等)。

③ 综掘面(掘进机、锚杆机、掘进皮带、待掘巷道、掘进推进记录、局扇、风筒等)。

④ 设备(皮带机、通风设施、水泵、电力设备、主扇、电机车、矿车等)。

⑤ 管线(排水管道、压风管道、轨道等)。

⑥ 立体动态通风示意图、避灾路线。

⑦ 煤层（各号煤层）。

⑧ 地面建筑（办公楼、职工宿舍、栈桥、厂房、锅炉房等）、地形、植被等。

（4）集成各个子系统

对各子系统逐一进行接入，若子系统厂家未提供接口或不是标准接口，则开发相应的接口以连入三维数字矿山系统平台。

（5）开发三维系统功能

构建三维建模及三维专业两大类功能，其中包括二十几个功能模块。在现有实现的功能基础上，量身定制相应功能。

（6）测试

先分别测试各功能模块，然后对集成系统进行测试。

（7）试运行

通过试运行发现问题，逐一解决，使系统不断完善。

（8）不断维护

系统维护环节非常重要，关系到系统的生命力。由于矿山井下工作环境随时变化，工作面不断更新，相应的工作设备不断搬移等。随之而来的是采掘图等数据的变化，需要系统维护人员不断更新数据，发现系统问题，不断改进系统，使之更适用于安全生产管理。

（9）人员培训

分别培训系统维护人员及系统操作人员。三维系统是否真正用起来并在矿山的安全生产及管理各个方面发挥其应有的作用，培训人员这一环节非常重要。

第11章 矿山三维系统架构设计

11.1 概　　述

矿山信息化的发展,要求相应的信息系统建设必须服从数字化矿山整体原则和统一框架进行设计和构建。系统设计针对煤矿实际情况,在充分调研的基础上,针对矿山迫切需求的情况下,为构建出一个完整、先进、安全、可靠、实用的,包括多种软硬件子系统在内,管控监测一体化的安全生产信息化系统体系,分步有序地开展三维数字矿山系统的设计。

11.2　设计原则

系统的设计与建设实施应遵循以下原则,实现高起点高定位。

(1)前瞻性

根据项目建设目标要求设计与建设三维数字矿山系统平台,除了满足矿山现有的建设目标外,还能符合将来的建设要求。

必须留出数据的标准接口或给出数据接入标准,以便未来建设的系统能将数据接入到三维数字矿山系统平台中;对于未来纳入信息化管理的业务内容保留拓展空间;此外,为了保证将来扩展到更多的发布平台,系统应保证对于其他平台移植和发布的易用性。

(2)面向应用

系统体制必须反映煤矿行业对计算机的需要。单一功能的系统难以满足需求,需要全面考虑这种需求,使它具有生命力、真正成为规划、设计与建立系统的基础,而不是一些毫无用处的概念堆砌。

(3)人机协同

三维数字化平台系统建设要全部能自动完成数据采集、报警等功能,在主控中心要求实现系统故障时的声光报警功能。

(4)信息融合

系统的体系结构要从整个信息资源综合管理着眼,对于共用的信息不能各部门各自为政,互不沟通,互不衔接。要做到信息既丰富、全面、又不至于产生冗余和无用的信息。既要使各部门人员很容易得到他所需的信息,又要做到安全保密,这都是在系统体系结构中必须考虑的。

(5)空间化和图形可视化

对各类信息,尽可能通过空间信息关联整合,并采用图形化的表现形式使其可视化,才会更符合矿业用户的使用需求,最大限度地做到全面表现信息和人机协同。

（6）开放兼容和规范标准

即使公司再强大，也没有哪家是万能的，数字矿山必然是由众多不同厂家的不同系统模块协同工作，共同建设而成。系统必须秉持开放兼容的原则，应最大限度利用外部数据，并提供统一的数据调用标准规范、开放数据信息给第三方。

（7）统一规划和分步实施的原则

系统的体系结构要兼顾系统的统一规划和分步实施。系统要按照自顶向下的原则进行，先从总体目标出发，然后把任务逐步向下分解，这样容易做到胸有全局，主次分明，能够统筹安排。在具体实施时，是按照由底向上的原则，分步实现的，先考虑底层的实现，再逐步向中层与高层推进，这样做信息来源有保证，信息处理有依据，有时候也可能因某一部分急需或者成套引进某些设备，使其中某一部分先行建立，但由于已有统一规划，各部分之间的联系与接口已经预先考虑好了，所以不至于产生矛盾、冲突和不协调。

（8）适应变化和相对稳定相结合的原则

目前矿井面临管理变革的新形势。为适应这一形势，系统随时会扩展和改造，基础设施不可能一次全面完整建成，但有些部分最好是能做长远考虑，力求在系统的生命周期内稳定使用，不要频繁变动。

（9）实用性

在兼顾系统具有先进性能的同时，按照实用性的原则，整个系统的操作以方便、简洁、高效、易维护为目标，多操作平台整体设计、统一操作，既充分体现快速反应的特点，又便于决策层、管理层及时了解各项统计信息和决策信息，进行业务处理和综合管理，同时降低整个系统建设成本，保护已有的投资。

（10）高可靠性

由于本系统涉及面广，使用环境的特殊性，必须保证系统工作稳定可靠，系统能保证 7×24 小时运行，且在出现故障时能迅速反应并保证数据的安全可靠。

（11）安全性与保密性

本系统运行的数据多为敏感、涉密信息，专业数据采用集中式存放，用户登录需要认证，并控制其获取资料权限；该系统要统一采用较为先进的保密控制技术和加密技术，确保信息安全。

（12）大容量性

本系统涉及信息内容多、服务对象多，应该具有大容量和高度的容量扩展功能，能够满足建成后运行过程中不断增加的数据接入量，同时为后续更多的试点企业建设该系统并纳入集团统一平台提供足够的扩容空间，从数据分发控制、容载、访问效率以及显示效率等方面具备较好的性能。

11.3　三维矿山系统设计目标

开发"三维矿山系统"的目标是最终形成一个在国内、国际具有领先水平的综合性集成管理系统，使其成为现代化矿井进行安全和生产管理的必备管理软件、矿井运转的核心系统，它将服务于矿井的筹建、生产、废弃的整个过程，集中管理地测、设计、掘进、采煤、通风、供电、排水、运输、自动化、监测、救灾等矿井安全和生产的各个环节。

（1）平台集成性：将目前分散的、信息孤立的矿山子系统集成到统一的平台上；并将平台预留出接口，待未安装的子系统硬件安装好后接入平台，所以统一平台至少要将以上已安装和未安装的所有子系统集成到一个平台。集语言、数据、视频三位一体（即："看得见"）。

（2）满足煤矿上级部门随时调出数据（或视频）的监控、调查或检查等。即能与上级部门联网。做到总部、总公司、矿三级访问（即："调得出"）。

（3）将现有的有线通信、无线通信和应急广播系统集成到三维平台中，可以在三维平台中进行与目标的通信；可以在三维平台中进行发布广播内容（即："听得见"）。

（4）三维可视化：将现有的矿井巷道、煤层、设备、建筑设施做三维建模，使其能以三维立体的方式直观地展示给用户。

（5）系统平台中可显示应急预案。

（6）预留出足够多的接口，为诸如：运煤车辆定位、地面供水、井下人车运行、环保除尘排污等系统集成到该平台做准备，以便系统将来的扩展。

（7）为减员增效目标提供系统软件支持。

11.4　三维空间是煤矿信息化天然的信息集成平台

煤矿在地质勘探、设计、建井施工、采掘生产、灾害防治活动中产生了大量的空间数据和对应的属性数据，对这些信息的认知、获取、表达、处理、共享、可视化、传输和增值利用一直是煤矿数字化要着力解决的课题。

经过十余年的发展，煤矿信息化在采掘机运通等各专业领域从无到有，从弱到强的过程中，做了大量的基础工作，从传统的纸图和台账，过渡到了较为成熟的矢量化图形成果和信息化网络数据库管理方式，取得了巨大的进步。

在煤矿复杂的生产管理中，大量采用直观的矿图形式，井上井下对照图、储量图、采掘图、通风系统图、救避灾路线图、机电设备布置图等各类图形，记载和反映了大量的生产安全信息，而GIS＋CAD方案技术的普及和应用为空间信息的利用提供了基础平台，但是关键基础资料大部分仍属二维或二维半类型。

传统二维系统（代表是GIS和CAD），其本质是将现实世界中的地物与地理现象投影到某一平面（通常是XY水平面）上进行表达，虽然简化了空间信息理解与表达的过程，却损失空间信息量（尤其是高程信息Z和3D拓扑空间信息），是以牺牲空间信息的真实性和完整性为代价的，在现代技术发展越来越综合，学科边界越来越模糊的综合应用环境中，常常发现所需的数据素材过于简化，不能准确反映现实世界中本原为三维的空间数据，众多的重要属性信息难以有机结合并直观翔实地表现出来，并随着时间流逝和人员变动，造成宝贵信息资源的永久损失，对保障矿井安全生产，以及技术发展不利。

矿井的三维本原性决定了煤矿对三维可视化信息平台的需求快速增长，尤其是在生产安全管理过程中，需要对地质、回采、掘进、通风、给排水、运输等生产系统及设备运行状况情况进行网络化的三维信息传输，三维可视化显示以及空间分析，提高对空间数据和属性数据增值利用水平意义重大。以煤层瓦斯灾害预警及应急救援为例，需要在三维空间信息平台支持下对生产条件、生产进度、地质环境、瓦斯赋存及涌出情况、瓦斯突出机理、人员设备及物资分布、矿井灾害环境灾变情况进行可视化模拟分析和相关算法的研究,为灾害防治及应急救援提供决策依据。

11.5 三维矿山系统架构设计

三维空间是数字矿山的原生形态,实现三维空间管理是数字矿山应用的基本需求,三维数字矿山平台提供全面的三维模型建模、三维信息管理及三维可视化功能。通过三维空间的形式,将信息集成并融合,进而实现系统空间联动。

根据矿井已有的软、硬件条件和网络系统情况,构建统一的三维数字矿山系统软件集成平台。在此系统平台上通过局域网和系统的人机界面实现对矿井地测、工程、生产、安全、设备运行状态等信息的综合查询,为矿井安全与生产管理提供先进的信息支持平台。

11.5.1 系统架构设计

系统平台整体架构采用分层的逻辑设计,如图 11-1 所示,自下而上分为三层逻辑架构,即:数据层、业务层和用户层。

系统架构主要体现在多系统(地测、生产、设计、瓦斯安全监测、人员定位、视频监控、束管监测,可扩展到综合自动化系统、应急预案等)数据组织、存储与管理,业务逻辑与数据处理,成果信息表达三个层面。三部分相互衔接与关联。为此,系统整体架构基于 B/S 与 C/S 结合,对用户而言,体验到的是 B/S 架构的信息管理与三维图形管理,以及信息共享。

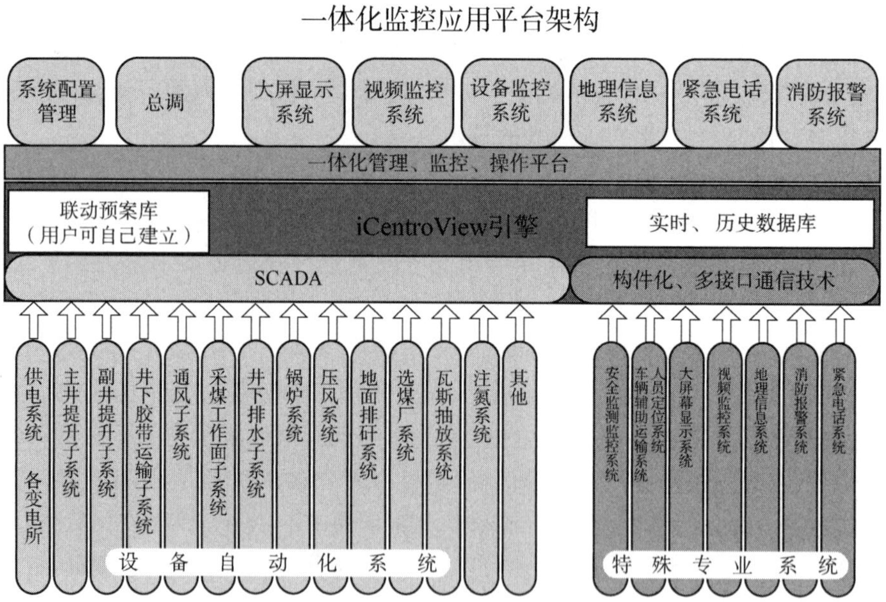

一体化监控应用平台架构

图 11-1 系统总体架构

系统平台服务器:数据采集与处理服务器、数据库服务器和 Web 服务器。

数据库服务器和 Web 服务器安装在客户网络中,发布安全生产综合信息。

数据采集与处理服务器中安装"数据采集与处理"应用程序,该程序从安全监测系统中读取实时数据,进行实时数据处理后保存到本系统的数据库服务器中。

Web应用服务器用于系统的信息分布（Web）服务器，安装"三维数字矿山系统"软件，系统软件通过查询数据库中的实时数据、经过处理的分析数据，向客户端发布信息。

整个应用框架按功能、模型及数据三层表示如图11-2所示。

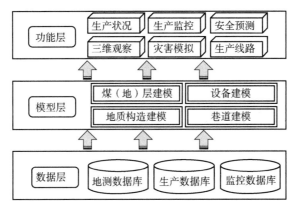

图11-2　三维数字化矿山系统应用框架

系统的底层数据支撑有三个数据库：地测数据库、生产数据库、监控数据库。

构建的主要模型包括四大类：煤（地）层建模、设备建模、地质构造建模、巷道建模。

整个矿山系统要实现的主要功能有六大类：生产状况、生产监控、安全预测、三维观察、灾害模拟、生产线路。

整个矿山平台系统及其功能模块如图11-3所示，设计以下6个子系统：

绿色矿山平台子系统、生产子系统、安全子系统、监控子系统、地测子系统、通风解算子系统。

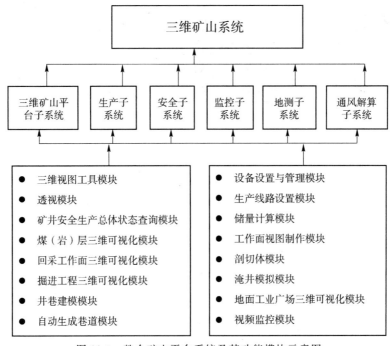

图11-3　整个矿山平台系统及其功能模块示意图

矿山平台系统包括主要设计模块共20多个：

三维视图工具模块、透视模块、矿井安全生产总体状态查询模块、岩（煤）层三维可视化模块、回采工作面三维可视化模块、掘进工程三维可视化模块、井巷建模模块、自动生成巷道模块、巷道断面信息模块、实时安全监测、三维可视化模块、设备设置与管理模块、生产线路设置模块、储量计算模块、工作面视图制作模块、剖切体模块、淹井模拟模块、地面工业广场三维可视化模块、视频监控模块、绿色矿山模块、通风解算模块等。

同时，三维数字矿山系统平台可集成矿山现有的六大系统及其他的若干自动化、管理信息系统。

11.5.2　系统平台界面设计

系统平台界面由菜单、工具栏、三维主窗口、场景对象树窗口、属性栏窗口、信息栏窗口几部分组成，具有自动进行实时报警、实时视频监视、语音通信、应急预案、灾害模拟、参数化建模、生产进度管理。通风网络解算等。系统平台界面如图11-4所示。

图 11-4　系统平台界面

11.6　三维系统功能详细分类设计

1. 生产现场可视化

（1）现场场景可视化

数字矿山系统能接入矿山企业的主要工业视频，通过现场的工业视频监控能查询到生产现场的真实场景。

（2）地理、地质、资源可视化

矿山煤炭区域分布广、资源丰富、种类繁多，需要对现有的各类资源的分布和储量进行管理,区分勘察区域和资源类型,宏观显示各类资源位置和区域,并能直接查看详细信息,形成三维可视化的数据调阅和查询系统,将复杂的地质构造、储量、采掘信息转变成更为直观的管理形式,为高层管理者了解、掌控资源情况和进行规划提供支持。

矿山企业陷落柱、断层、褶曲等地质构造复杂,地质构造的位置、范围、影响区域对生产过程的影响很大,构建本系统后,能够对煤矿复杂的地质情况进行三维展现,还原真实的矿体围岩、井巷工程;并通过不限定组合实现面剖切、块状提取等特殊地质分析计算与显示,为矿井生产过程中进行灾害分析提供辅助决策依据。

（3）生产工艺可视化

井下工作场景比较复杂,通过现有的二维图纸表述不直观,三维显示系统需要将井下巷道进行再现,真实地反映出井下工作场所的各个环节,可实现整个矿井的巷道内、巷道外三维场景的一体化展示,并且实现真实坐标系基础上的三维场景编辑和维护。

此外系统支持矿山三维场景一体化显示,提供井上、井下对照分析功能,通过分析对比结果,可为矿山企业进行基础生产建设提供直观可视化的参考。系统支持三维场景的更新和维护,可依据矿山企业整体全面的管理要素增添或删除三维显示系统中的场景,也可按不同业务部门的需求和图纸类型的标准生成相应的三维场景。

2. 实现对企业生产运行的综合调度

矿山企业现有的各专业系统都是由不同厂家在不同时期建设的相对独立的业务系统,需要对各类专业系统进行数据集成,形成统一的数据中心和应用界面,可以跨不同的业务系统进行数据检索和分析,并能将这些数据上传到上级集团,在集团构建专业的调度界面,能够使矿井生产运行的全过程、各专业系统、生产流程以全面的三维的方式直观可视化的呈现给管理人员,彻底结束以往查看监控图表、监测数字等实现生产监测控制的管理形式。

3. 实现企业安全信息的综合监管

当前煤矿企业生产信息系统建设趋于多元化,如:实时监控系统、运输调度系统、人员定位系统、自动控制闭锁系统等;这些系统从前端的信息采集到后端的管理应用是相互独立、各成体系的,建立数字矿山管理平台,旨在集成和引入各类生产数据和实时监控数据,可以通过信息整合与再提取,实现各类生产状态数据和风险信息等的调阅查询,而且上述信息必须包含空间位置数据。通过整合各类已有数据,实现主动式的风险防控技术。

系统可参与到矿井安全监控管理环节,例如三维场景中提示报警信息,管理人员能够快速找到报警点的位置,查看具体报警的原因和信息。针对井下重要的报警情况,可在三维场景中完成周边一定区域的分析,对整个报警点涉及的区域进行可视化的查询。系统能够及时、准确地将井下各个区域人员和运输车辆的情况动态地反映到三维场景中,使管理人员能够随时掌握井下人员和运输车辆的总数及分布状况;系统能跟踪所有班组下井情况、每个矿工入井、出井时间及运动轨迹,以便于企业进行更加合理的调度和管理。

对于矿山企业而言,更大的安全隐患问题来源于潜在的地质灾害,如:高瓦斯地质区域、采空区、积水区等,这些地质安全隐患分布在矿山的不同区域,平常只能通过二维图纸进行查询和管理,无法查看其空间位置进行及时的预警。建立数字矿山管理平台需要将这些地质风险监测数据纳入空间综合监测和预警范畴,实现对静态风险和动态监测指标的双重预警。

4. 构建综合调度功能

需要构建三维可视化的综合调度监视功能,将现有的各类实时监控系统的数据与三维场景有机地结合在一起,在调度室的大屏上构建符合企业员工工作习惯的调度页面,全面检测井下的各类实时数据,通过该系统实现对井下生产安全的综合管控。

5. 接入风险预警系统

能对井下的重大危险源进行监测预警,系统需要接入井下重大危险源检测识别与预测预警系统的数据,将瓦斯、水害、火灾、矿压、顶板等灾害和重大危险源的分布情况直观地呈现到真实的三维场景中。

6. 图档资料矢量化

矿区内大量的图纸资料都是以纸图的方式分散地存储在各个部门,经常需要跨部门去翻阅纸图,因此需要构建矢量化的管理模式,将矿区内的客观场景和现有的各类图纸资料进行矢量化和电子化,通过系统去管理原本分散的图纸资料。

7. 通风综合监视"一张图"

结合真实矿山三维场景及巷道空间部署,通过基本通风参数植入、通风监测数据接入、瓦斯等有害气体监测数据接入等方式,建立适用于特殊条件的通风安全三维综合监视系统,通过通防管理"一张图",为企业安全管控带来提升。

8. 水害预警

矿井的灾害以水害为主,因此需要构建一套水灾预警系统,集成与水文有关的各类数据,包括水文地质等静态勘探数据、水文观测孔和排水系统等动态数据,对这些数据进行综合分析,为矿山提供水灾的在线监测和预警功能。

11.7 系统性能要求、运行环境及数据要求

11.7.1 系统性能要求

要求系统能够在满足下列性能要求的情况下比较流畅地运行。

三维场景要求能同时容纳 1 000 人的运动的人员模型,20 条胶带运输机,4 个带液压支架、刮板运输机、采煤机等设备和动画的回采工作面,1 000 个三维标注,40 000 株树木以及 2 000 个其他对象。系统支持同时接入 20 000 个监测点,1 000 个浮动标注的监控容量。

11.7.2 系统运行支撑条件

软件环境:本系统运行要求客户端使用 Windows XP 及以上版本的操作系统,服务器要求使用 Windows Server 2003 及以上版本的操作系统。

硬件环境:客户端要求有 1 GB 以上的内存,可以使用集成显卡,推荐使用独立显卡与多核 CPU。服务器要求有 2 GB 以上的内存,千兆光纤网络接口,推荐使用多核 CPU。

监控系统接口:系统默认支持 OPC 国际规范的监控接口,其他基于数据库、文本文件、串口、TCP/IP 等形式的接口需要按照实际情况进行开发,这要求监控系统厂家在数据内容、通信协议和测试方面给予积极配合。

11.7.3 系统基础数据要求

在系统中能查询到矿山所有的接入信息系统的数据,构建实时数据存储系统,统一储存和查询矿山企业的各类数据。

数据存储系统集成了矿山企业各类静态数据、动态数据和实时数据,可以对不同领域、不同维度、不同层面的数据进行揭示和分析,来直观快速地了解生产运行情况,及时发现安全隐患,进行更直接有效的调度和管理;另外,也通过数据整合来为各种应用提供全面、一致的数据服务,为企业决策提供基于数据的科学依据。

(1)空间地理信息数据

包括矿区范围内的地形地貌和地面环境,并与真实的坐标相对应,能反应地面的起伏状态。在系统中能查询到交通运输路线、村庄、河流、农田等地面信息。

(2)地质地测数据

系统内必须包含矿山企业的地质地测数据,比如钻孔、勘探线、断层、陷落柱、积水区、采空区等地质构造,且此类数据必须包含空间的位置信息。

(3)三维场景数据

系统内有矿上工业广场的布置和详细的建筑物分布情况,各类建筑物的分布位置必须与现场完全一致。

井巷工程和矿上的设施设备等也与现场完全一致,且井下各巷道的坐标与采掘工程图一致,并能与井上的场景相对应,通过系统,能直接进行井上、井下对照查询。

(4)生产业务数据

系统中包含矿山每天的产煤量、掘进量、洗煤量等业务数据,用户能随时查询各类业务数据的历史数据和曲线。

(5)实时监控数据

在系统中能查询到矿山的实时监控数据,让用户能了解到煤矿的现场生产运转状态。此外,除了接入现有的信息系统外,必须为以后可能接入的信息系统预留接口。

矿上集成以下实时监控系统的数据:

① 人员定位系统;

② 安全监测系统;

③ 工业电视系统;

④ 重大危险源在线监测预警系统;

⑤ 井下水泵房监测系统;

⑥ 主、副立井提升系统;

⑦ 工作面自动化监测系统;

⑧ 主井装载系统;

⑨ 皮带集控系统的数据。

接入后的数据在 C/S 客户端和 B/S 客户端中同步发布,且在系统中能查询到各个系统的传感器的详细位置。

所有系统数据汇总如下:

① 矿区边界数据、地质勘探的钻孔、测井资料、断层信息、柱状图、三维地震的解释成果

数据库(包括地层、煤层、褶皱、断层、陷落柱、熔岩侵入、古河床冲刷等),各主副井、风井、巷道、硐室的测量资料。

②地面工业广场布置图、水文地质图、井上井下对照图、通风系统图、安全监测设备布置图等各种必需的图纸。

③地形等高线数据或卫星数字高程数据。

④采区的采掘接续规划,回采工作面的资料。

⑤各主副井、风井、巷道、硐室的断面类型、参数等资料。

⑥各种生产与安全设备的类型、功率、工艺参数等资料。

⑦各安全监测系统、自动控制系统的监测点的位置、类型、报警上下限、单位、状态、实时数据等(通过软件接口获取)。

⑧巷道风阻、实测风量数据。

⑨其他相关资料。

第 12 章　智慧矿山三维系统关键技术研究

12.1　三维空间系统关键技术

关于三维空间信息的研究中有两大并行发展的技术：一是三维地理信息系统（3DGIS），二是三维地学模拟系统（3D Geosciences Modeling System，3D GMS）。真三维地学模拟、地面与地下空间的统一表达、陆地海洋的统一建模、三维拓扑描述、三维空间分析、三维动态地学过程模拟等问题，是地学与信息科学的交叉技术前沿和攻关热点。

3DGIS 是随着计算机可视化技术的发展和二维 GIS 的成熟，逐渐开始为人们所关注。3DGIS 针对 2DGIS 的本质缺陷，试图直接从 3D 空间的角度去理解和表达现实世界中的地物、地理现象及其空间关系。

3DGMS 则是随着科学可视化技术和地质信息计算机模拟技术的发展，同期开始为人们所重视。传统的地质信息的模拟与表达方式主要有两种，一是采用平面图和剖面图进行表达（如底板等高线图、采掘工程平面图、地质剖面图、钻孔剖面图等），其实质也是将现实世界三维的地质环境中地层、矿体与地质现象投影到某二维平面（XY 平面、XZ 平面或 YZ 平面或特定的倾斜面）上进行表达；二是采用透视和轴侧投影原理，将 3D 地质环境中的地层、矿体与地质现象进行透视制图，或投影到两个以上的平面上进行组合表达，以增强 3D 视觉效果，提高人们的 3D 理解水平。这两种方式同样存在空间信息的损失与失真问题，而且制图过程繁杂，信息更新困难。3DGMS 正是针对传统的地质信息模拟与表达方法的不足和缺陷，借助于计算机和科学可视化技术，直接从 3D 空间的角度去理解和表达地质体与地质环境。

因此，3DGIS 与 3DGMS 在许多方面有相似之处，也有不同之处。典型的 3DGIS 以地球表面及以上为其主要研究对象，即通常所说的地理空间（Geographical space）；而 3DGMS 则以地球表面及以下为主要研究对象，也就是通常所说的地质空间（Geological space）。两者以地球表面为界，分别擅长处理与地球相关的信息的不同部分，构成对整个地球系统的统一描述与表达，因而可以统称为地学（Geosciences）中的地球信息学（Geo-informatics）。3DGIS 与 3DGMS 技术的发展，共同构成数字化矿山及三维可视化系统的技术基础。

三维数字化矿山项目基于实时数据库和三维可视化引擎，以建立全面的真三维数字矿山系统为目标，利用最新的信息技术成果和专业算法，在数字化矿山综合平台上，对采、掘、机、运、通等生产系统及安全监测等矿山安全六大系统等相关信息进行了三维建模，对相关的地质、采掘、设备、安全环境等各类属性信息进行了多层次的三维表现。可以进行空间分析、业务分析、通风解算，可以在仿真场景中随时调取视频、进行电话广播通信，为相关人员深入掌握井田安全生产实时信息，调度指挥提供了丰富的手段。

12.2 高性能设计

三维可视化系统比二维系统数据量成几何级数增加,必须解决大场景条件下的系统性能问题,本系统采用完全自主研发,在系统设计时采用多种先进和成熟的技术,很好地解决了大容量实时数据存储及处理、超大规模场景管理、逼真显示场景对象和动画、高性能网络传输等技术问题。

12.2.1 网络优化方案

在网络系统上支持企业内网、井下工业环网和互联网,客户在有网络的地方就可以登录三维系统,了解当前的生产状况、进行管理操作。矿山网络结构示意图如图 12-1 所示。

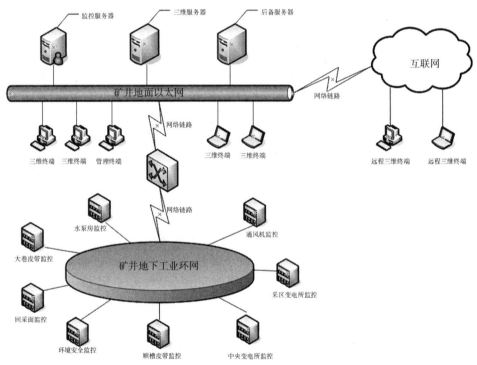

图 12-1 矿山网络结构示意图

由于既要传输海量的动态数据,又要传输大量的场景数据,常规的网络通信技术无法很好地解决这两个问题。TCP 协议具有保证可靠性、保持连接性的特点,但占用系统资源较多,抗网络拥塞能力较差,无法点对点传输,适合通信不很频繁,一次传输大量数据的场合;UDP 协议传输快、可以点对点传输(因为可以穿透 NAT),但是数据传输不可靠,表现在丢数据包、时序错乱、数据包重复等方面,适合高性能传输,对可靠性要求不高的场合。

为了满足矿山三维系统网络传输数据量大、实时性高、可靠性高的总体要求,兼顾 TCP 和 UDP 的优势,设计并构建了一个全新的、高性能的、专门服务于矿山的网络通信协议。

12.2.2　多模式网络通信协议

各种应用场景对网络通信的需求是不一样的,甚至有时候是互相矛盾的,具体到本三维系统,如:

场景数据:数据量大,对可靠性要求高。

监测数据:数据量较大,实时性好,可以容忍丢包。

控制数据:数据量小,实时性高,可靠性高。

视频和语音:数据量大,要求延时小,不卡顿,能容忍偶尔丢包。

作为应用最普遍的网络传统通信协议 TCP/IP,虽然可以用在各种网络应用中,但它的设计也是对各种网络通信应用需求的折中,因此注定无法在各种应用的需求下达到最佳性能。为了满足矿山三维系统网络传输的复杂要求,同时达到高性能通信的目的,在通信协议中提出了多模式通信的概念并设计了多模式网络通信协议。多模式网络通信协议基于UDP 协议并对其进行了封装,解决了 UDP 协议不可靠和不保持连接的问题,为各种应用需求编写了相应的通信队列。应用程序在调用通信 API 时,需要指定该应用对于数据量、数据可靠性、延时、包顺序、优先级等方面的指示。通信系统将按照指示,选择最合适的通信模式执行网络通信功能。构建了一个全新的既能满足多种需求,又具备高性能的、专门服务于矿山三维系统的通信协议,很好地解决了网络通信问题。

性能优化方案:由于计算机系统读取文件速度远远低于读取内存的速度,因此软件系统在运行时如果所需的数据已经在内存里,就能运行得很快。三维矿山系统拥有三维模型、图片和属性等大量数据,这些数据少则几百兆字节,多则上吉字节(GB),并且三维系统在运行时还需要为各种计算、分析、统计分配内存,因此完全把这些数据一次性地加载到内存是不可能的。因此需要将数据根据访问频繁度、重要性等特征进行分类,将常用的、重要的数据保持在内存中,其余的数据则在需要时读入内存,不需要时从内存中清除。由于操作系统自带的内存管理模块性能一般,频繁的内存分配与回收也可能带来性能问题,因此三维系统需要采用专门开发的内存管理模块。

12.2.3　基于乐观算法的网络通信模块内存管理

常规的内存管理算法都是基于悲观的算法,也就是用户每次申请内存时,都要悲观地认为有可能可用的空闲内存不足,然后在空闲内存块的链表里搜索大小最匹配的空闲内存块,分配给用户,然后又要更新空闲内存块链表。其中性能最好的是伙伴算法,其优点是快速搜索合并($O(\log N)$时间复杂度)以及低外部碎片(最佳适配 best-fit);其缺点是内部碎片,因为按 2 的幂划分块,如果碰上 66 单位大小的块,那么必须划分 128 单位大小的块。

本乐观算法利用了分配出去的网络消息包在较短的时间内一定会被释放回来这一特性,系统预先申请一块足以满足整个通信模块需求的大内存块,乐观地认为当前分配位置后面的内存一定是空闲的,然后每次用户请求内存时,就从该大块内存里分出最前面的一部分给用户,记录当前分配位置作为下一次分配的起点,当前分配位置到达大内存块的末端时,系统自动绕回到大内存块的前端,重新开始分配,如此周而复始。因此无须判断是否有空闲块,也无须遍历空闲内存块列表,从而做到了常数级别的内存分配。每个分配出去的内存的指针之前有 4 个字节冗余,用于指向内存块头部信息区。并且内存分配的代码极为精简。

性能上达到了常数阶 $O(1)$ 的时间复杂度,空间利用上也基本无冗余。当然这个内存分配算法的应用范围有很大的局限,目前仅限于在网络通信模块中使用。

另外现代计算机很多已经采用了多 CPU 和多核技术,并行计算已经可以普遍使用,因此在三维系统中采用多线程技术,将一些耗时的计算和处理过程放到后台工作线程去完成,如网络通信、文件读写、复杂算法等,进一步提升性能。

12.2.4 显示优化方案

一个生产矿井的各种设备、管线、建筑设施、人员等对象的数量成千上万,场景的规模非常大,如果没有好的场景绘制优化技术,在最短时间内系统要将这些对象全部绘制出来,并保持流畅地运行,是不可能的。我们在系统中主要采用了下面两种优化技术。

一是细节分层技术(Levels of Detail),简称 LOD 技术,该技术根据人眼观察对象时随着对象距离由近到远会越来越模糊的特点,在绘制三维场景时,将距离人眼较近的对象的细节绘制得精细一些,而将距离人眼较远的对象绘制得简略一些,从而减少绘制量,加快绘制速度,如图 12-2 所示。

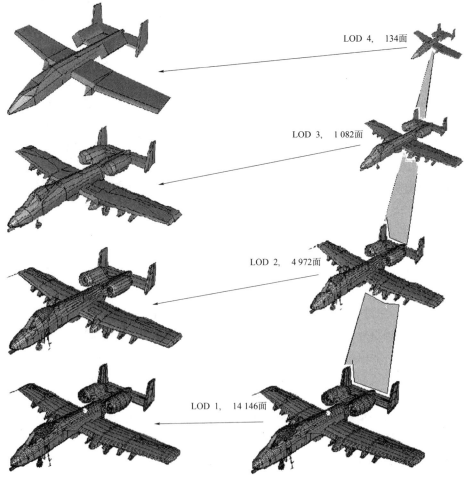

图 12-2 细节分层示意图

二是遮挡剔除技术（Occlusion Culling），场景剔除指的是将场景中人眼看不见的对象或对象的一部分从待绘制物体中去掉，从而减少绘制工作量，提高绘制速度。常见的剔除方法有视锥剔除和背面剔除，当这两种剔除方法使用后，仍然留下大量待绘制物体，还可以采用遮挡剔除进一步减少待绘制物体，如图 12-3 所示。

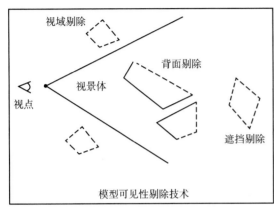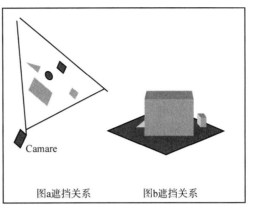

图 12-3　遮挡剔除示意图

12.3　矿山工业视频图像压缩技术

　　矿山视频一般是由矿山监控系统在采矿作业中的控制、监视和报警过程中产生的视频记录。它可以由监视场所的监视设备记录，传输到控制中心，统一进行存储、处理和管理。目前一般矿山井上、井下的监视设备为 250 部左右，其中井下约为 40 部，以 MPEG 格式存储，以 24 帧/秒计算，一天一个监视设备要产生 2 073 600 帧，信息量庞大，存储量也超大，矿山企业的存储设备容量一般仅能保留十几天的信息。所以，由于存储空间的限制，需要删除一段时间以前的视频资料，如果资料来不及处理完毕，也会被删除，这造成了大量信息的浪费，甚至由于某些问题，需要回放的信息也无法找回。因此，有必要压缩其数据量，延长处理的允许时间，以低存储量来保存一些重要信息，尽可能存储更长时间的海量视频数据。

　　在研发过程中，研究了视频数据的多种压缩算法，其中，重点研究了基于陪集码的分布式算法，并提出并实现了两种压缩算法，即分布式无损选择压缩算法以及基于分布式的并行无损压缩算法，经过实验验证并进行评价，压缩比及压缩时间等达到预期要求，效果较好。

12.3.1　分布式算法

　　20 世纪 70 年代，以 Slepian-Wolf 定理和 Wyner-Ziv 定理为基础的分布式信源编码（Distributed Source Coding，DSC）理论成功解决了编码端复杂度与实现效率之间的矛盾问题。随着通信技术的成熟，基于信道编码的分布式编码技术也取得了一系列成果。分布式编码使得编码端的执行效率有了很大提高，促进了高效编码技术的发展。

1. DSC 理论基础

　　设 X、Y 均为具有离散无记忆信源，且 X、Y 之间存在相关性。$H(X)$、$H(Y)$ 分别表示 X、Y 的信息熵，$H(XY)$ 表示 X、Y 的联合熵，RX 与 RY 分别为 X 与 Y 的编码码率。分布式信源编码方案,编码端对 X、Y 单独编码,在解码端,将 X、Y 进行联合解码,如图 12-4 所示。

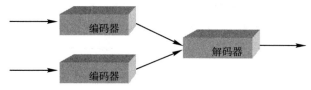

图 12-4　分布式信源编码

Slepian Wolf 定理证明了在满足公式(12-1)、公式(12-2)、公式(12-3)的情况下,在编码端对 X 和 Y 分别以 RX 与 RY 进行编码,在解码端进行联合解码,其编码性能等同于对 X、Y 进行联合编解码,与图 12-4 相比,分布式编码并未造成编码性能上的损失。

$$RX \geqslant H(X|Y) \tag{12-1}$$

$$RY \geqslant H(Y|X) \tag{12-2}$$

$$RX + RY \geqslant H(XY) \tag{12-3}$$

式中,$H(X|Y)$ 与 $H(Y|X)$ 为条件熵。

图 12-5 给出了两个信源的 Slepian-Wolf 编码码率示意图,可以看出,该图中灰色区域是一块有两个拐点(A 和 B)的无界区域,其中 A 点总码率为 $R = H(X|Y) + H(Y) = H(XY)$,该点所表达的情形为:在编码端对 X 以码率 $H(X|Y)$ 进行编码,在解码端,将 Y 作为 X 的边信息对 X 进行解码。对于 B 点,其道理与 A 点相同,A 点与 B 点满足轮换对称的条件。根据 A 点所表达的情形,可给出图 12-5 所示的 Slepian-Wolf 编解码方案,其中 Y 只出现在解码端,编码端以 $RX = H(X|Y)$ 的码率对 X 进行编码,解码端利用边信息 Y 对 X 进行解码,此时可获得与 Y 在编码端相同的压缩效果。在一些应用场合,边信息 Y 在编码端也是可用的,例如矿山工业视频的分布式压缩就属于这种情况。图 12-6 所示的方案对 X 与 Y 的处理方式不同,通常看作是非对称分布式信源编码。与对称分布式信源编码相比,非对称分布式信源编码的应用更为广泛。

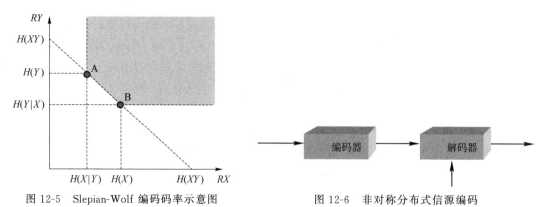

图 12-5　Slepian-Wolf 编码码率示意图　　　　图 12-6　非对称分布式信源编码

2. 基于陪集码的 DSC 实现

为了获得较低的编码复杂度和理想的压缩性能,A. Majumdar 提出了标量多元码应用于视频图像的 DSC 压缩,E. Magli 等人引入了这种简单的多元码,通过陪集划分的方式实现视频图像的无损压缩。陪集是高等代数中的概念,是指将信源空间划分成若干互不相交的子集,其并为全集,其交为空集。若信源空间为 Ω,$(X,Y) \in \Omega$,将 Ω 划分成 z 个陪集:$CS_j(j=1,2,\cdots,z)$,如公式(12-4)所示。

$$\begin{cases} \Omega = CS_1 \bigcup CS_2 \bigcup \cdots \bigcup CS \\ \varnothing = CS_1 \bigcap CS_j(i \neq j,i,j=1,2,\cdots,z) \end{cases} \tag{12-4}$$

式中,$\varnothing$ 为空集,由于 X 必定属于其中某一陪集,编码端将 X 所属陪集的索引传输到解码端,解码端根据陪集索引确定 X 的所属陪集,然后在该陪集中找到与边信息 Y 距离最近的元素作为 X 的重构值。在这个过程中,陪集的划分是关键,其原则是使得陪集中相邻元素之间的距离尽可能的大。下面分别介绍二元码与多元码的陪集划分方法。

假设有两个相关信源序列 X 和 Y,两者的海明距离 $dH(X,Y)$ 满足:

$$dH(X,Y) \leqslant e \tag{12-5}$$

陪集划分是对 X 的所有可能序列进行分组,每组即为一个陪集,其分组原则是使得同一陪集中相邻序列之间的海明距离最大化。

为使信道传输的抗干扰能力更强,必须令编码与编码之间的差异尽可能的大,为了衡量这种差异的大小,这里引入海明距离这一概念,其计算公式如下:

$$d(x,y) = w(x \oplus y) \tag{12-6}$$

式中,x,y 分别为两个位数相同的二进制数,函数 $w(t)$ 为计算二进制数 t 中 1 的个数,也称该函数的运算结果为海明重量,符号 $\oplus$ 为异或运算。

海明距离统计的是两个位数相同的二进制数中相异位数的多少。对于二元线性分组码而言,计算其最小海明距离的公式如下:

$$d = r(n,k) - 1 \tag{12-7}$$

式中,$r(n,k)$ 为分组码 (n,k) 构成矩阵的秩,例如已知分组码 $(3,2) = \begin{pmatrix} 0 & 0 & 1 & 1 \\ 0 & 1 & 0 & 1 \\ 0 & 1 & 1 & 0 \end{pmatrix}$,$r(3,2)=3$,$d = r(3,2) - 1 = 2$,因此该分组码的最小海明距离为 2。

假设 x_i 与 $x_j(i \neq j)$ 为同一陪集的相邻序列,如果 x_i 与 Y 的海明距离满足 $d_H(x_i,Y) \leqslant e$,为了能够由 Y 无失真地重建 X,必须使得 x_j 与 Y 的海明距离满足 $dH(x_j,Y) \geqslant e+1$,从而可得 x_i 与 x_j 之间的海明距离必须满足:

$$dH(x_i,x_j) \geqslant 2^e + 1 \tag{12-8}$$

即同一陪集中相邻序列之间的最小海明距离为 $2^e + 1$,这种情况下可以纠正 e 位错码,相当于序列 X 经过二元对称信道的传输,输出序列 Y 相对 X 发生了 e 个误码,陪集中相邻序列的最小海明距离 $(2^e + 1)$ 完全可以将 Y 纠正为 X。

若 X、$Y \in \{0,1\}n$,讨论 $n=3$ 与 $e=1$ 的情形在 $dH(X,Y)=1$ 的条件下,根据式(12-8)可知陪集中相邻序列之间的最小海明距离为 3,陪集划分结果如式(12-9)所示。

$$CS_1 = \{000,111\},CS_2 = \{001,110\} \\ CS_3 = \{010,101\},CS_4 = \{100,011\} \tag{12-9}$$

相应的陪集索引为 $\{00,01,10,11\}$,显然,陪集索引需要 2 个 bit 表示。编码端只需传输 2 个 bit 的陪集索引,与直接传送 X(3 个 bit)相比,节省了 1 个 bit,从而实现了数据的压缩。解码端根据接收到的陪集索引确定 X 所属的陪集,然后利用 Y 作为边信息在该陪集中唯一确定 X。

在矿山工业视频压缩中,也可以采用基于陪集的多元码压缩技术。与二元码的情形类似,对于矿山工业视频数据,由于其通常保存为 24 位 3 色的数据格式,因此也可以用 $\{0,1,\cdots,167\ 772\ 16\}$ 的多元码来进行表示和处理。然而,多元码和二元码本质上是没有区别的。下面再简单介绍一下多元码的陪集划分。

假设信源每个元素的比特数为 $n=3$,其集合为 $\Omega=\{0,1,2,3,4,5,6,7\}$。将 Ω 分成 4 个陪集,分别为 $\{0,4\}$ $\{1,5\}$ $\{2,6\}$ 与 $\{3,7\}$,陪集中相邻元素之间的欧氏距离为 4,陪集索引只需用 2 个 bit 表示。若 $X=5$,显然,X 位于第 2 个陪集,此时,只需将 X 所属陪集的索引(2 个 bit)传送给解码端。解码端根据 X 的索引找到其所属陪集 $\{1,5\}$,此时,可以利用 X 与 Y 的相关性进一步确定 X 为陪集中的哪个元素。例如,若 $Y=4$,在陪集中搜索与 Y 距离最小的元素作为 X 的重构值,即 $X'=5$,实现了 X 的正确解码。

通过该例可以看出,若要获得正确的解码结果,X 与 Y 之间的距离必须小于陪集中相邻元素距离的一半,即 X 与 Y 之间的距离决定了陪集的划分将各个陪集索引与所对应的陪集中的元素进行对比可以发现,陪集索引对应该陪集中各个元素的低 r 位。例如 $X=6(110)$ 位于陪集索引为 (10) 的陪集中,X 的低 $2(r=2)$ 位为其所属陪集的索引。

(n,k) 线性分组码应用于信源编码的过程是将信源 2^n 个可能取值划分为 2^r 个陪集,其中每个陪集包含 2^k 个元素,同一陪集中相邻元素的距离为 2^r。一般来讲,信源数据的 n 都是已知的,关键问题是如何确定 r,一旦 r 得以确定,相当于找到了一种信道码。

如前所述,X 与 Y 之间的距离必须严格小于陪集中相邻元素之间距离的一半,根据这一原则,在编码端可以利用 X 与 Y 之间的距离来确定 r 由于陪集中相邻元素之间的距离为 $2r$,则

$$2^r-1>X-Y \tag{12-10}$$

进一步可写成

$$r>\log_2 X-Y+1 \tag{12-11}$$

由式(12-11)可以看出,在 X 与 Y 相关性较高(距离较小)的情况下,所需划分的陪集数量较少,陪集索引的数据量较少,相应的无损压缩性能较好;若 X 与 Y 的相关性较小(距离较大),所需划分的陪集数量较多,陪集索引的数据量较大,相应的无损压缩性能较差。

3. 分布式选择压缩的算法

在本章中,采用分布式选择压缩的算法,对不同的视频数据采用不同的编码方式,在编码的过程中,使用陪集码来编码。对于 24 个 bit 的工业视频数据,采用 8 个 bit 作为陪集的索引,陪集相邻元素之间的距离为 $2^{24-8}=2^{16}=65\ 536$,$r=15$。当 X 与 Y 之间的距离取 $2^{15}=32\ 768$ 时仍然不能保证所有元素被正确解码。这时,把可能不正确解码的部分数值单独存储,解码的时候再将其还原即可。如图 12-7 所示,我们取工业视频图像的某一帧(通常是第 1 帧)作为解码所需的边信息,在传输时仅仅传送陪集的索引,单独存储的数值和某一谱段图像,就可以无损还原工业视频图像。具体的编码和解码步骤如下:

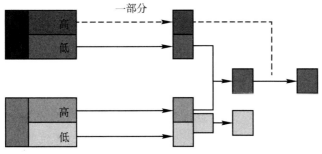

图 12-7　分布式算法处理流程图

编码过程：

步骤一：X、Y 作差（$|X-Y|$），对于范围在 $256\sim\infty$ 的值，存储其对应的高 16 bit 的值以及其在视频中的三维坐标；

步骤二：对 X 取其低 8 bit 的值直接传送。

解码过程：

步骤一：求 Y' 高 16 bit 并将其与 X 传来的低 8 bit 合并为 X'_c；

步骤二：将单独存储的值依据其在视频中的坐标全部重新赋值到 X'_c 的高 16 bit 中，得到 X'。

在实际的编码压缩过程中，由于高 i 位与低 j 位之间的欧氏距离被控制在范围 α 内。实际上，可能在高 i 位出现正负 1 的误差。

在 n 进制编码中 $\alpha=[0, n_j-1]$，如果 $Y'_H- X'_H\neq0$，则 $|Y'_H- X'_H|=1$。

为了纠正这样一类误差，我们设计了一种快速的校验编码，我们把这种校验编码称为奇偶判定校验。奇偶判定校验，顾名思义，就是利用元素数值奇偶性来还原需要校验的数据。首先定义两个欧氏距离 CA、CB：

$$CA=(Y'_H+1) * n_j+X'_L - Y' \tag{12-12}$$

$$CB=(Y'_H-1) * n_j+X'_L - Y' \tag{12-13}$$

对于欧氏距离 CA 和 CB，一定有 $CA+CB=2 * n_j$。如果 CA＞CB，实际值就应该为 Y'_H-1，如果 CA＜CB，实际值则应为 Y'_H+1，如果 CA＝CB，则实际值就是 Y'_H。

为了说明这种情况，以及理解上的方便，下面用十进制举例说明。

例如取欧氏距离为 100，用 5 位数表示数据。不妨取边信息值为 01110，则实际数值 01200 与 01110 之间的欧氏距离为 90，应该只传送低位 00。这时，我们发现高位数据并不相同，如果按照前面的算法还原的值应该为 01100，与实际值 01200 并不相同，高位 011 与实际值 012 相差了 1。这时，需要加入奇偶判定校验，来还原高位的实际值，将数据还原成 01200。

在本章中，由于高位数值之间的误差要么为 1、要么为 0。因此，采用奇偶判定校验，可以非常高效地实现对数据的校验。以上面的例子来说，需要首先引入校验位，由于原始高位数值为 012，是偶数，所以校验位为 0。如果还原后的数据高位为 011，则根据校验位 0 来判断,一定出现了误差。原始数值要么为 010、要么为 012。然后通过下面的公式进行判断,还原的数值应该为哪一个。

$$CA = (Y'_H + 1) \times 10^2 + X'_L - Y' \tag{12-14}$$

$$CB = (Y'_H - 1) \times 10^2 + X'_L - Y' \tag{12-15}$$

对于上面的 CA 和 CB 而言,一定有 CA+CB=2×10²。如果 CA>CB,实际值就应该为 $Y'_H - 1$,反之则应为 $Y'_H + 1$。对上面的例子而言,CA=90,CB=110。由于 CA<CB,因此实际值应该为 $Y'_H + 1$,即 011+1=012。这样就通过校验位还原了元素的实际数值。

12.3.2 基于分布式算法的并行实现

对基于分布式的无损压缩过程进行分析发现,在分布式的压缩过程中,每一步压缩过程,数据间的操作是互不影响的,所以对分布式压缩算法进行并行改进的研究是可行的。因为分布式压缩算法需要将第一谱段完整传输,所以对分布式算法进行并行计算改进时,如果再采用预测算法时的横向分割数据会造成压缩比的降低,使压缩后的数据变大。这样就不能凸显并行压缩的优越性。因此对于分布式压缩算法的改进,此处提出一种适用于分布式并行压缩的纵向分组的方式,如图 12-8 所示。假如有 4 个 CPU 参与计算,则将工业视频图像数据进行纵向等比分割成 4 份,每一份分别进行分布式压缩计算,计算结束后将四份数据拼接在一起,这样得出的结果与传统分布式计算得出的结果是相同的,并不会降低压缩比,并将大幅度减少图像压缩时间。

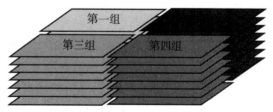

图 12-8 矿山工业视频空间分组

经过基于分布式的无损压缩并行算法实验,证明了并行思想在矿山工业视频压缩领域应用的可行性。

12.3.3 基于分布式的并行无损压缩算法压缩性能

通常视频图像的数据量庞大,且压缩时间较长,为提高压缩速度,减少压缩时间,所以采用并行的分布式压缩算法,即将视频数据分块,将不同数据块分给不同的 CPU 处理,多CPU 同时处理,达到并行实现压缩的目的。

可见能取得较为可观的压缩效率。进一步去除帧间相关性,可以得到更为实用的压缩比。

分别对实验数据进行双核、四核和八核的实验,得到了 1.9、2.9、3.4 倍的加速比,获得了较好的效果。

12.3.4　评价与总结

通过一系列研究,利用信息论、概率论、代数学、数据结构等学科的理论成果,结合最新的研究进展,获得大量可靠的实验数据。比较详细地研究了矿山工业视频的压缩技术。主要有以下两点认识。

(1) 经过分析近几年的研究热点,发现分布式算法是目前比较活跃的研究领域。尤其是其较低的编码复杂度,十分适合实际应用。研究发现,在分布式算法校验时,传统的循环冗余检验可以被更为简单的奇偶判定校验所取代,一样可以达到准确还原数据的效果。

(2) 对传统的视频压缩算法进行改进,将串行算法改为并行算法,在保持压缩比不变的情况下,算法的执行时间大大减小,CPU 的利用率得到提高。算法的整体执行效率得到提高。

第13章　三维系统实时数据库技术研究

由于矿山生产的特点,随时产生大量的实时数据,数据的快速采集和高效存储,成为一个亟待解决的问题。为了满足三维数字矿山系统的实时监控要求,正需要这些大量的实时数据。利用实时数据库作为整个系统强有力的后台支撑,将实时数据库系统和数字矿山系统中的应用程序实现无缝集成,以保证三维系统达到的实时监测监控能力,随时并快速掌握矿山安全生产的情况。

13.1　实时数据库的基本理论、特征及系统结构

13.1.1　实时数据库的基本理论

实时数据库系统(Real-Time Database System,RTDBS)是事务和数据都具有显式定时限制的数据库系统。

实时数据库系统是数据库系统发展的一个分支,实时数据库的重要特性就是实时性,包括数据实时性和事务实时性。数据实时性是指现场 I/O 数据的更新周期。事务实时性是指数据库对其事务处理的速度。它可以是事件触发方式或定时触发方式。事件触发方式是该事件一旦发生可以立刻获得调度,这类事件可以得到立即处理,但是比较消耗系统资源;而定时触发方式是在一定时间范围内获得调度权。作为一个完整的实时数据库,从系统的稳定性和实时性而言,必须同时提供两种调度方式。

实时数据库的出现是在关系型数据库面对现代的(非传统)工程和时间关键型应用问题无法解决的情况下应运而生。所以,这种应用对数据库和实时处理两者均有需求,既需要数据库来支持大量数据的共享,维护其数据的一致性,又需要实时处理来支持其任务与数据的定时限制。

传统的数据库系统旨在处理永久、稳定的数据,强调维护数据的完整性、一致性,其性能目标是高系统吞吐量和低代价,根本不考虑有关数据及其处理的定时限制,所以,传统的数据库管理系统不能满足实时应用的需要。而传统的实时系统虽然支持任务的定时限制,但它针对的是结构与关系简单、稳定不变和可预报的数据,不涉及维护大量共享数据及它们的完整性和一致性,尤其是时间一致性。因此,只有将两者的概念、技术、方法与机制"无缝集成"的实时数据库才能同时支持定时性和一致性。

实时数据库技术是实时系统和数据库技术相结合的产物。

人们将实时数据处理技术与数据库技术相结合,开发出了实时数据库系统,为企业信息化提供统一而完整的企业级实时数据库服务平台,使企业经营管理决策层能够对生产过程进行实时动态监控与分析,随时掌握企业的运行状况,及时发现问题并进行处理,从而降低生产成本,提高产品质量。

实时应用系统主要特性包括及时性、可预测性和可靠性等。

（1）及时性

实时系统所产生的结果在时间上有着严格的要求，只有符合时间约束的结果才是正确的。在实时系统中，每个任务都有一个截止期，截止期内完成任务所得到的结果才是正确的结果。

（2）可预测性

实时系统的行为必须在一定的时间限度内，而这个限度是可以从系统的定义获得的。这意味着系统对来自外部输入的反应必须全部是可预测的，就算在最坏的条件下，系统也必须严格遵守时间约束。

（3）可靠性

实时系统的可靠性主要是系统的正确性，即系统所产生的结果不仅在值上是正确的，而且在时间上也是正确的。

（4）结构复杂性

实时任务（事务）往往具有各种结构上的相互联系，无结构的、原子和隔离的传统事务模型不完全适用，因此必须研究适应实时系统要求的具有复杂结构的事务模型。

（5）分布规律性

实时任务（事务）通常是按一定周期执行的，但也有非周期或随机的，还有一些是循环或无终止事务的。为了实现有效调度，必须事先知道各种任务（事务）的类型及其到达的分布规律。长寿事务和周期事务的实现比较容易，而非周期和随机事务则很困难。

（6）不可逆性

实时应用中有很多活动是不可逆的，如过程控制的器件加工、物料投放等活动，记录飞行体的位置、速度、方向的事务等，它们都是不可逆的。还原或重启动作对于不可逆事务是毫无意义的，因此必须为实时事务的恢复开发新的概念、技术和方法。

（7）替代性

当实时系统认定某个任务不能按时完成时，可以调用其他活动进行替代或补偿，这称为实时系统的应急计划，它可以提供虽非最佳但可用的结果。

为了实现实时系统中数据和事务的实时（及时）性，必须尽可能加快实时数据库的响应和处理速度，同时实时数据库中的实时事务要求系统能较准确地预报事务的运行时间。

13.1.2　实时数据库的特征

一个典型的实时系统由三个紧密结合的子系统组成：被控系统、执行控制系统、数据系统。被控系统就是实际的应用过程，称为外部环境或物理世界；执行控制系统监视被控系统的状态，协调和控制它的活动，称为逻辑世界；数据系统有效地存储、操纵与管理实时（准确和及时）信息，称为内部世界；执行控制系统和数据系统统称为控制系统。内部世界的状态是外部环境状态在控制系统中的映像，执行控制系统通过内部世界状态而感知外部环境状态，并在此基础上与被控系统交互作用，所有这些都与时间紧密相连。

13.1.3　实时数据库的系统结构

RTDBMS的设计目标首先是对事务定时限制的满足，其基本原则是：宁要部分正确而及时的信息，也不要绝对正确但过时的信息。系统性能指标是满足定时限制的事务的比率，它要求必须确保硬实时事务的截止期，必要时宁肯牺牲数据的准确性与一致性。软实时事务满足截止期的比率相对较高,当然 100％满足截止期是非常困难的。因此,除了上述一般 DBMS 的功能外,RTDBMS 还具有以下功能特性:

(1) 数据库状态的最新性,即尽可能地保持数据库的状态为不断变化的现实世界当前最真实状态的映像。

(2) 数据值的时间一致性,即确保事务读取数据的时间是一致的。

(3) 事务处理的"识时"性,即确保事务的及时处理,使其定时限制尤其是执行的截止期得以满足。

因此,RTDBMS 是传统 DBMS 与实时处理两者功能特性的完善或无缝集成。它与传统 DBMS 的根本区别就在于具有对数据与事务施加和处理"显式"定时限制的能力,即使用"识时协议"来进行有关数据事务的处理。

13.2　PineCone 实时数据库概述

在项目研究过程中,针对矿山产生的大数据的特点,独立自主研发了一套分布式海量实时/历史数据存储系统 PineCone。它能够长久记录生产过程中按时间顺序产生的大量数据,解决海量实时/历史数据的高可靠存储,快速响应查询等,作为整个三维数字矿山系统的后台数据支撑,不仅能够存储实时、历史数据,还能存储字符串、空间坐标、视频图像等数据,为采矿系统提供了一套综合数据存储方案。

PineCone 实时数据库作为实现三维数字矿山系统的核心,是实现生产调度优化的基础。它作为企业底层过程控制网络与企业上层管理网络连接的桥梁,起着承上启下的关键作用,在三维数字矿山建设过程中扮演着非常重要的角色,并为矿山企业提供了统一、完整的实时数据采集、存储和监控功能,记录着生产过程及其控制的状况,为生产管理提供高产、高效的保障和决策支持,PineCone 实时数据库示意图如图 13-1 所示。

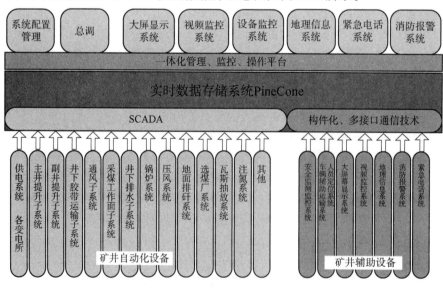

三维系统结构图

图 13-1　PineCone 实时数据库示意图

　　PineCone 是一套分布式的 NoSQL 存储系统,支持存储实时/历史数据,Key-Value 模式,高性能、易扩展、高可靠、有简洁易用 API。

　　PineCone 实时数据库目前支持的数据类型:

■ VTQ 类型:

• kcy:测点 ID,测点就是一个数据源

• value:vtq,(value、time、quality)模式,时序化数据

■ key-value 类型

• key:测点 ID 或任意字符串

• value:任意字符串、Blob

■ 整型、浮点型、空间坐标、字符串、视频图像

　　煤矿开采环境中的瓦斯传感器、一氧化碳传感器、温度传感器、风速传感器、电流/电压传感器等产生的模拟量数据,风门传感器的实时开闭状态、压风机的开停状态、水泵的开停状态、各类阀门的开闭状态等布尔型数据均可用 VTQ 数据模型存储。

　　矿上的有线电话系统,人员定位系统等数据可采用 key-value 数据模型存储。人员清单、人员基本信息、电话机的号码/联系人等基本信息可直接存储在 PineCone 实时数据库中。

13.3　PineCone 实时数据库的主要技术

　　研发实时数据库,提出的主要技术涵盖以下四点。

　　(1) 数据压缩

　　针对数值型数据、浮点型、整型、布尔型数据,压缩方式与字符串型压缩不同,实时数据库要存储若干年的生产历史数据,一套高效的数据压缩/解压缩算法,可节省存储,提高系统性能。PineCone 实时数据库采用快照混合压缩策略,一级压缩使用经典的旋转门压缩算法;二级压缩采用优化后的 PforData 算法,针对数值型、模拟量、布尔型数据组成的数据块进行二次压缩,高压缩比,数据读取时解压速度快,很好地实现了压缩、解压缩的均衡。

　　(2) 数据时效性控制

　　实时数据库核心在于实时事务调度策略、实时并发控制协议、实时数据库系统的快速故障恢复、容灾备份、实时事务提交。PineCone 实时数据库实现了一套针对每个测点,精确到毫秒级的时序控制模型,根据事物时序程度可抢占式运行,并针对事物超时的预警处理过程,能够满足事物实时调度,控制的要求。

　　(3) 多模式快速网络通信协议 FastUDP

　　由于既要传输海量的动态数据,又要传输大量的场景数据,常规的网络通信技术无法很好地解决这两个问题。TCP 协议具有保证可靠性、保持连接性的特点,但占用系统资源较多,抗网络拥塞能力较差,无法点对点传输,适合通信不是很频繁,一次传输量不大数据的场合;UDP 传输快、可以点对点传输(因为可以穿透 NAT),但是数据传输不可靠,会有丢数据包、时序错乱、数据包重复等现象,适合高性能传输,对可靠性要求不高的场合。各种应用场景对网络通信的需求是不一样的,甚至有时候是互相矛盾的,具体到本三维系统,如场景数据,数据量大,对可靠性要求高;监测数据,数据量较大,实时性好,可以容忍丢包;控制数据,数据量小,实时性高,可靠性高;视频和语音,数据量大,要求延时小,不卡顿,能容忍偶尔丢

包。作为应用最普遍的网络传统通信协议 TCP/IP,虽然可以用在各种网络应用中,但它的设计也是对各种网络通信应用需求的折中,因此注定无法在各种应用的需求下达到最佳性能。满足矿山三维系统网络传输的复杂要求,同时达到高性能通信的目的,我们基于 UDP 协议,设计了 FastUDP 网络通信协议,保障数据快速、安全传输,标准的 TCP 协议,速度较慢,不能满足实时系统需求,标准的 UDP 协议速度快,但不可靠。需要一套快速的通信协议,兼具 TCP 可靠、UDP 的快速。PineCone 实时数据库采用自主知识产权的 FastUDP 网络数据交换协议,基于 UDP 实现数据交换校验协议,能够保证数据安全,可靠传输,解决了 UDP 协议不可靠和不保持连接的问题。在通信协议中提出了多模式通信的概念,为各种应用需求编写了相应的通信队列,应用程序在调用通信 API 时,需要指定该应用对于数据量、数据可靠性、延时、包顺序、优先级等方面的指示,通信系统将按照指示选择最合适的通信模式执行网络通信功能,并构建了一个新的既能满足多种需求,又具备高性能的、专门服务于矿山三维系统的通信协议,很好地解决了网络通信问题。

(4) 容灾备份、故障恢复

实时数据库的快照数据一般存储在内存中,易丢失,要做到快照数据安全,在系统故障时可迅速恢复。PineCone 实时数据库采用内存共享文件和基于 Log 日志的混合故障恢复策略,根据数据量大小自动切换数据备份方式,刷新到内存共享文件或者追加到 Log 日志,保证数据不丢失。

PineCone 采用了混合故障恢复策略,实现了内存共享文件和基于 Log 文件的混合策略,保证数据不丢失,同时兼顾系统整体性能。根据写入数据块的大小自动切换内存数据备份策略,或由数据交换协议指定策略,快照实时刷新到内存共享文件或者追加写到 Log 文件,如遇系统故障时,快照数据丢失,可由 Log 文件或内存映射文件快速还原到内存现场。

根据以上概述,在研发 PineCone 实时数据库的过程中,提出并已实现了的五项关键技术。

① PineCone 与数据交换平台采用自主研发的 FastUDP 技术,基于 UDP 协议,兼有 TCP 协议的安全可靠和 UDP 的快速,自带有数据检验功能,保证数据快速、可靠地传输,达到数据、事物实时提交需求。

② PineCone 数据压缩采用快照混合压缩技术,一级压缩使用经典的旋转门压缩算法,二级压缩算法采用优化后 PForData 算法。压缩比例约为 50 : 1。

③ 基于"鳞片"(scale)的历史库二级冗余存储结构:研究实现了一套 PineCone 独有的历史库二层冗余存储文件结构,混合索引结构,兼顾单个测点数据的连续读取速度和若干测点的断面读取速度。基于 PineCone 高效的混合压缩技术,实现了二层冗余存储结构,一层是按测点分割,构成"鳞片(scale)",每一个测点的实时数据就是一个鳞片,整个数据库就是由这样的鳞片和这些鳞片的索引数据构成,单个测点的实时数据块连续存储;二层是若干个测点的实时数据连续存储。分别对应单测点数据读取和断面数据读取,满足历史数据读取的实时性要求。

④ PineCone 采用数据分片(Sharding)存储原理,在架构层面解决路由和数据读写合并的问题,方便线性扩展。PineCone 实现了读写分离数据库架构,数据读写性能稳定,无剧烈波动。

⑤ PineCone 历史数据服务对历史数据采用冷热分离,对于频繁访问的热数据,直接缓存在内存中,对于一段时间无访问的冷数据从内存中去除。

13.4　PineCone 实时数据库的功能

PineCone 支持的数据操作：读、写、追加写。能够批量创建测点，批量读快照/历史数据，批量读取断面数据，批量写、追加写入一批测点的实时/历史数据。支持手工录入数据。其压缩比高，支持混合压缩，压缩比大于 50：1。

13.5　PineCone 实时数据库技术的实现思路

PineCone 架构图如图 13-2 所示，包括四大服务：中心服务（Server），测点服务（Tag），快照服务（SnapShot），历史数据服务（Store），每一个服务就是一个独立的进程。

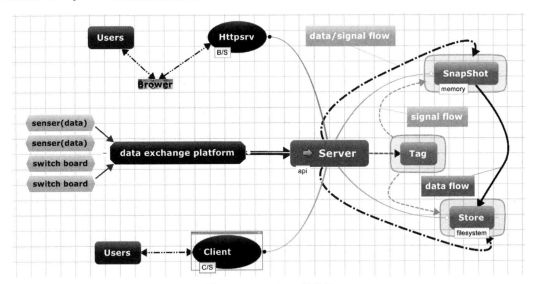

图 13-2　PineCone 架构图

（1）中心服务

高并发响应读、写等网络请求。包括创建测点、更新测点、删除测点、读数据、写数据等。支持毫秒级数据写入请求。

（2）测点服务

存储维护测点基本信息，可增、删、改测点的属性；一个服务目前支持维护 100 万个测点。

（3）快照服务

存储维护所有测点的快照数据，维护每个测点的快照更新、压缩，累计一定量后持久化到历史数据服务。响应快照读请求。

（4）历史数据服务

持久化所有测点的快照数据，维护所有测点的断面数据、块数据，维护一套方便快速检索历史数据的高效索引。

PineCone 支持基于 C/S、B/S 模式的访问操作，改善用户体验；PineCone API 与 Server

交互使用基于 UDP 的 FastUDP 技术,速度较 TCP 快出一个数量级,带有安全校验功能,保证数据发送成功,接收完成,兼有 TCP 的安全可靠和 UDP 的快速。

PineCone 服务的内部结构流程图如图 13-3 所示。

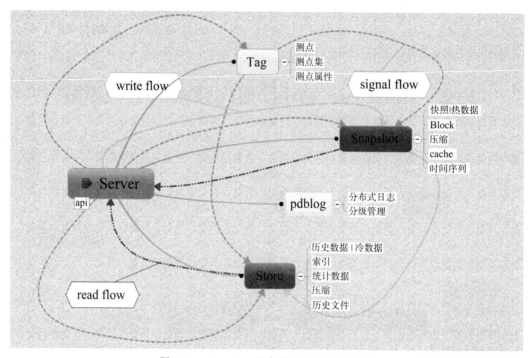

图 13-3 PineCone 服务的内部结构流程图

13.6 PineCone 实时数据库三个关键服务流程

(1)创建测点流程

客户端调用 API,向 Server 发起创建测点的信息,Server 接收信息和测点基本属性数据后,向测点服务进程发起创建新测点的信号,测点数据通过管道发送给测点服务进程,测点服务完成之后把操作结果(含测点 ID)反馈给 Server,Server 把操作结果反馈给客户端调用方。

(2)一个测点写快照流程

客户端调用 API,向 Server 发起写快照数据请求,接到响应后直接发送快照数据给 Server,Server 接收完成后,通关固定管道发送给快照服务 SnapShot,SnapShot 直接把 Server 发给的原始数据追加写到 Log 文件上(供恢复数据使用),紧接着解析协议,取出测点 ID,找到测点所在地快照池,经旋转门压缩,查看上一个快照是否保留或舍弃,保留则压入该测点的历史数据队列,舍弃则直接丢弃。把本次的最新快照插入到快照池中,给 Server 反馈操作结果,Server 返给客户端调用方。

(3)快照数据恢复流程

写快照时,Snapshot 服务预先把原始数据追加到 Log 文件中,Log 文件的作用是在遇到系统故障时恢复数据使用,能够保证不会丢失数据。一旦遇到系统故障问题,内存中的快照数据丢失,服务再重启时会优先检查 Log 文件,如果有数据,优先加载到内存中,重构之前的写快照操作。Log 文件是按序追加写,速度快,在一定周期内会重新写一个新的 Log 文件。

13.7 PineCone 实时数据库性能指标及 API

- 写一万条数据平均耗时 15 ms;
- 读一万条快照平均耗时 6 ms;
- 读一万条断面数据平均耗时 56 ms;
- 读一个测点(秒点)一天的历史数据平均耗时 10 ms。

PineCone API:PineCone 提供面向对象 API 及 C++封装,如图 13-4 所示,简单易用。

```
#include "pcapi.h"
int main(int argc, char *argv[]){
////////////////////////////////////////////////////////
///创建一个 PineCone 客户端对象,对象空间不需要时自动清除,不需额外释放
    pc:: pcClient cln;


    ///连接 PineCone
    pc:: pc_status_t status = cln.open("127.0.0.1",8888);
    if( !status.ok() ){
      printf("open server failed:%s\n",status.ToString().c_str());
      return EXIT_FAILURE;
    }
    printf("open server:%s\n",status.ToString().c_str());


    ///查询测点集的个数
    pc::pc_int32_t setcount;
    status = cln.get_set_count(&setcount);
    if(!status.ok()){
      printf("get set count failed:%s\n",status.ToString().c_str());
      return EXIT_FAILURE;
    }
    printf("get set count:%s\n",status.ToString().c_str());
    printf("set count:%d\n",setcount);
    return EXIT_SUCCESS;
}
```

图 13-4 PineCone 面向对象 API 及 C++封装

根据实时数据库的特点,把实时数据库应用到三维数字矿山系统中,设计了数字矿山系统中实时数据库的结构模型,提出了数字矿山中实时数据库系统的实现途径,并在矿山实时数据交换平台的研发中起到较好的指导作用。实时数据库同时具有实时性和可靠性特点,满足了三维数字矿山系统对实时性、可靠性等多方面的要求,为三维数字矿山系统提供更强大的自动控制、监测和预警等功能的后台支撑。

第14章 智慧矿山三维系统功能及特点

针对数字矿山应用的需求,三维数字矿山系统利用三维 GIS、虚拟现实等先进的技术手段,把矿山的所有空间和属性数据实现数字化采集、存储、传输、表达及加工,提供全面的三维模型建模及管理功能,实现了三维数字化矿山场景构建、三维基础地理信息管理、地测数据管理、生产可视化、设备管理、安全综合监测预警、通风辅助设计与灾变推演、应急预案管理等功能,极大地提高现有数据资料的利用效率,实现多类数据信息的三维可视化集成整合,改变了矿山安全生产管理的传统模式,实现了综合调度,提高了劳动和工作效率及应急指挥能力,体现了矿山企业现代化和信息化管理的高品质形象。

14.1 三维建模基础功能

14.1.1 地表对象

地表对象包括地形,工业广场、村庄等各类地表建构筑物。这些模型涉及井田境界、水害防治、岩移观测、保安煤柱、三下压煤、矿压、瓦斯赋存等多个方面,是数字矿山三维可视化的地表环境(井上部分),如图 14-1 所示。

图 14-1 数字矿山三维可视化的地表环境

系统可以根据地表地形等高线数据或卫星数字高程数据,自动构建地表地形三维模型,构建好的地形模型还可以通过鼠标提高或压低某些部分,从而可以编辑地表的形状,也可以设置地形在不同海拔高度显示的地表纹理,让用户在观察地形时可以直观地掌握高度信息。在构建好的地形模型还可以画出矿井的开采边界,或沿着开采边界挖出一个矿坑,让用户直接看到地下的生产情况。在地形上可以增加树木、灌木、草等植被,这些植被会自动贴合在地形上,如图 14-2 所示。

图 14-2　矿区地表地形

在本系统中,井上模型与井下生产系统模型处于一个统一的场景之内,所有的井上、井下模型共同构成一个完整的数字矿井模型。

14.1.2　煤岩层

岩(煤)层制作能根据地测系统的岩(煤)层钻孔数据、煤层地板等高线和等厚线,自动生成煤(岩)层三维体,可以圈定无煤区域(烧蚀区、陷落柱、冲刷区等),将其从煤层中挖除,如图 14-3 所示。

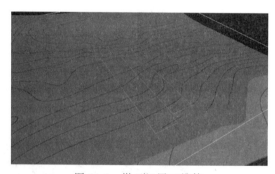

图 14-3　煤(岩)层三维体

14.1.3　井巷参数化建模与可视化

系统通过用户录入的巷道导向点三维坐标、巷道断面形状和尺寸等参数自动生成巷道三维模型,能自动处理巷道交叉点的开口与连接,可以设置巷道的各种属性。生成的巷道可以分别为巷道地面、内壁、外壁指定独立的材质,以展现巷道的实际纹理。巷道生成后依然可以修改这些参数,重新调整巷道三维模型。也可以删除已有巷道,井巷参数化建模如图 14-4 所示。

图 14-4　井巷参数化建模

14.1.4　巷道断面信息

系统可以新建、删除、修改、查询各种巷道断面，并自动形成断面信息，如图 14-5 所示。

图 14-5　巷道断面信息

14.1.5　参数化构建回采工作面模型

用户在"回采工作面"对话框中，通过指定形成回采工作面的进风巷、回风巷、开切眼位置和停采线位置，就能快速生成回采工作面的三维模型，作图简单快捷。在使用之前需要先建好工作面回采巷道的模型，即上巷（或回风巷）、下巷（或运输巷）和切眼巷道模型。此外，还必须有停采线位置，因为它确定工作面走向的长度。构建回采工作面时，只需用鼠标分别选择上巷（或回风巷）、下巷（或运输巷）和切眼巷道、停采位置以及煤层名称，即可自动生成三维回采工作面模型，用户也可以同时将回采工作面相关的设备如采煤机、刮板运输机、液压支架和这些设备的动画一并构建出来，还可以指定回采工作面的倾角、平均厚度、原煤容重等参数，如图 14-6 所示。

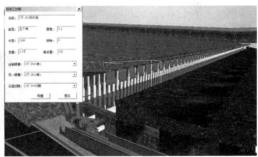

图 14-6　参数化构建三维回采工作面模型

14.1.6　参数化构建掘进工作面模型

用户在"掘进工作面"对话框中，通过指定形成掘进工作面的掘进巷、掘进起始位置、掘进方向等参数，就能快速生成掘进工作面的三维模型，作图简单快捷，如图 14-7 所示。

149

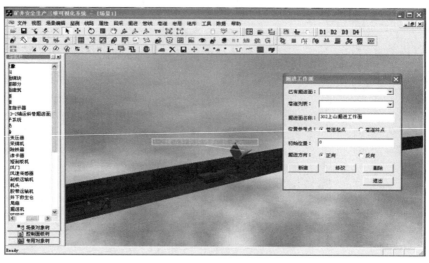

图 14-7　参数化构建掘进工作面模型

14.1.7　管线建模

可以在场景中或巷道中方便地构建各种管道和线缆,满足各种管线的设计和查询需求,如图 14-8 所示。

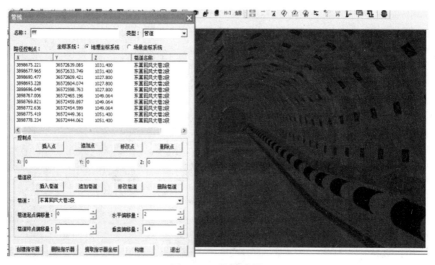

图 14-8　管线建模

14.1.8　设备设施模型与属性管理

用户可通过模型导入,在三维场景中建立各类设备及设施模型,对其创建属性并进行有效管理,如图 14-9、图 14-10 所示。大部分成系统的复杂设备(如采煤机、液压支架、皮带和安全监测分站等)图形可自动生成,这大大减轻了系统维护的工作量。用户可对设备任意绑定监测点并记录其监测数据,监测数据进入数据库可进行专业分析。

图 14-9　设备设施模型与属性管理(一)

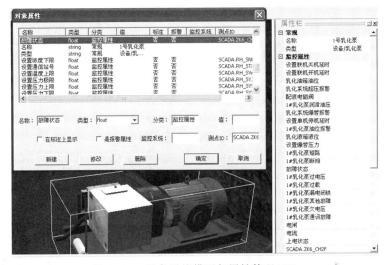

图 14-10　设备设施模型与属性管理(二)

14.1.9　三维视图工具

(1)"切换观察点"功能可实现对查寻不同区域观察点的快速切换(如不同采区观察点之间的切换),从而得到局部清晰视图。"对象跟踪视图"功能可通过巷道名称选择,使该巷道视图立即显示在视窗的中心,极大方便视图对象的查询,如图 14-11 所示。

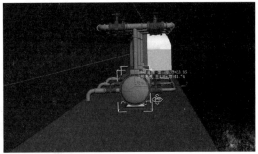

图 14-11　对象跟踪

（2）巷道透视与沿巷道内部视察功能，可打开巷道三维实体图的外表，查看巷道内部；可沿巷道路径移动，视察巷道内部的结构或设备配置情况。

（3）可以对各种三维视图进行旋转、平移、缩放等操作。也可以在三维场景自由地漫游，随意查看场景内容。

14.2 三维系统专业功能

14.2.1 回采工作面三维可视化

三维系统制作了一系列回采动画，包括采煤机的移动、采煤滚筒旋转、滚筒摇臂升降动画；液压支架按组移架、升降、收挡板动画；刮板运输机的满载空载运输、弯曲推移动画；转载机运煤动画；胶带运输机满载空载运行动画。这些动画互相协作共同将回采工艺生动地展示出来。系统可以记录、查询任意有记录的一天回采工作面的推进距离，回采工作面所在的位置，回采工作面的煤厚、煤层倾角、当班记录。在推进记录列表中选择某一条记录，回采工作面的三维模型可以推进或回退到该天，回采工作面的相关设备如液压支架、采煤机、刮板运输机、转载机、胶带运输机等也会同步推进或回退到相应的位置，巷道位于采空区的部分被拆掉靠内一侧的巷道壁以表示该部分巷道已废弃，回采工作面的三维模型如图 14-12 所示。

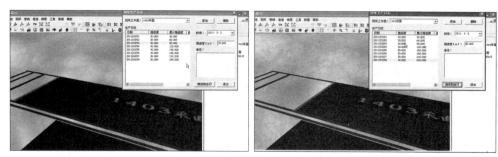

图 14-12 回采工作面的三维模型

14.2.2 掘进工作面三维可视化

系统可以记录、查询任意有记录的一天掘进工作面的推进距离，掘进工作面所在的位置，掘进工作面的进尺、当班记录。在推进记录列表中选择某一条记录，掘进工作面的三维模型可以推进或回退到该天，掘进工作面的三维模型如图 14-13 所示。

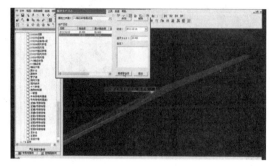

图 14-13 掘进工作面的三维模型

14.2.3　立体通风动态图

在三维场景中实现各巷道进风、回风流动的动态展示；各种通风设施的展示（主扇、局扇、风门、密闭、风筒、风机控制房等）以及通风设施的运行状态展示（包括主扇、局扇的开停、风门的开闭、风筒风流等）；各种监测装置的位置和实时数据展示（包括瓦斯、一氧化碳、风速、温度、负压等传感器）。对于安装了风速传感器的巷道，能根据当前巷道风速和巷道断面面积，计算出风量，供用户查询，立体通风动态图如图 14-14 所示。

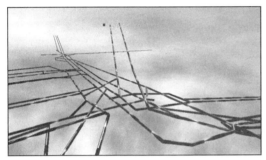

图 14-14　立体通风动态图

14.2.4　设备及设施管理

系统可对场景中各生产系统的基础信息进行管理，可支持二次开发，实现更深入的设备管理功能：可对系统中的通风设施和通风设备，设置相应的管理牌板，根据设定的逻辑进行预警，例如维护周期到期提示等。通过建立相应的管理措施，对散布在各处的通风设施及通风设备进行逻辑监测，定期集中呈报给管理者，可做到无遗漏、无盲点，以实现计算机自动控制的闭环管理，设备及设施管理模型如图 14-15 所示。

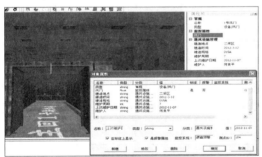

图 14-15　设备及设施管理模型

14.2.5　各类管路系统

系统可以创建各类管路模型，并动态显示，包括瓦斯抽放管、供水管路、排水管路、供液管路、电缆等。以抽放系统为例，系统能方便地建立瓦斯抽放系统的骨干抽放管道、分支抽放管道、瓦斯抽放泵、地面瓦斯抽放泵站、抽放监测仪表、阀门、法兰等模型，能实时显示抽放系统中抽放泵的开停状态、管道中瓦斯流向、监测仪表的当前数值。能动画显示抽放泵的开停和管道瓦斯流向，各类管路系统模型如图 14-16 所示。

图 14-16　各类管路系统模型

14.2.6　安监与生产系统实时监控三维可视化

（1）三维可视化系统可以与综合自动化系统、瓦斯监测系统连接，提供实时监测数据，并在三维场景中展示出来。数据互联接口采用 OPC、ODBC 等国际标准。一个客户端可以同时连接多个自动控制服务器，支持服务器集群。三维可视化系统是非常消耗计算机资源的软件，而对于综合自动化这样的大型自动化项目，拥有上万的数据监测点，如果三维可视化系统不采用 OPC 这样高效率的工控数据集成标准，要做到实时安全监测与综合自动化的三维可视化，是根本不可能的。

（2）可以用浮动在屏幕上的数字标签显示实时监测数据，浮动标签始终显示在最上层，不会被其他场景对象遮盖，且无论场景怎样旋转、移动，无论设备运动到什么位置，浮动标签始终固定在该设备的空间位置上，并且始终正面朝上面向操作者，以方便观察。标签的显示内容可以定制，可以打开或关闭浮动标签的显示。

（3）可以在三维场景中以动画的方式显示设备的运行状态，如罐笼在副井中上下移动，原煤在皮带输送机上流动，采煤机沿工作面行走，风机页片的旋转等，并通过实时监测数据控制这些动画的运行样式。

（4）当实时监测数据出现报警时，该设备的浮动标签以红色显示，该设备在三维场景中闪耀显示；当出现重要报警时可以对报警设备进行跟踪定位。

（5）当用户选择三维场景中的设备时，该设备的全部监测数据都以属性表格的方式展示给用户，如果其中有报警，则该报警数据以红色显示。表格中的数据会自动刷新，以便及时反映该设备的当前状况，安监与生产系统实时监控模型如图 14-17 所示。

图 14-17　安监与生产系统实时监控模型

14.2.7　危险源管理

系统支持用户创建危险源,管理危险源。当巷道掘进或回采推进到距危险源指定的距离时,系统自动弹出预警提示,危险源管理模型如图 14-18 所示。

图 14-18　危险源管理模型

14.2.8　报警管理

系统对各种监测系统的报警提供实时提示,用户单击任意报警记录即可在三维场景中定位到该报警位置。用户也能方便地查找到当前系统中所有的报警地点和数据,报警管理如图 14-19 所示。

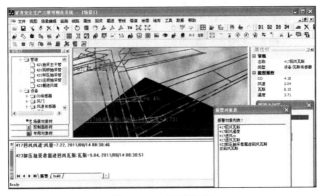

图 14-19　报警管理

14.2.9　路线及动态查询

该模块的主要功能是为了展现和模拟矿井生产中具有流动特征的生产活动,如通风、排水、运输、救灾和避灾路线等。可以在三维场景中以动画的方式显示该生产系统的运行方式。可以随意查询、修改和动画展示已经设置好的线路。也可以与通风设施如风门、风桥、风机等图标一起构成立体通风示意图,立体通风示意图如图 14-20 所示。

图 14-20　立体通风示意图

14.2.10　矿井安全生产总体状态查询

（1）当前矿井采掘工程总体状态

单键点击，可让用户快速从视窗中通过三维视图直观地了解当前或任意时期矿井采掘工程的状态，即各井巷的位置、各回采工作面的位置、各掘进工作面的位置、安全监测装置位置、通风设施位置等。

（2）生产系统的查询

可以选择"通风、避灾路线、排水、压风、瓦斯抽放"等系统进行查询。选择某一系统后，显示出当前所选系统的运行线路布置状况，例如，通风系统的进风、回风方向及路线。还可以动画演示的方式显示生产系统的运行，矿井安全生产总体状态如图 14-21 所示。

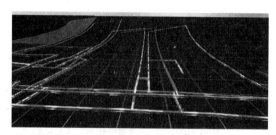

图 14-21　矿井安全生产总体状态

14.2.11　通风及实时解算

主扇信息查询如图 14-22 所示。通风结点和分支查询如图 14-23 所示。

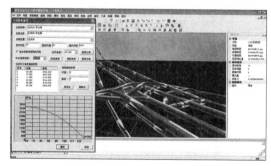

图 14-22　主扇信息查询

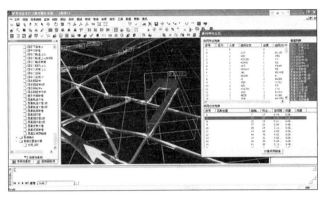

图 14-23　通风结点和分支查询

14.2.12　分析工具

分析工具可以在一个系统中,集中查询救灾避灾路线、设备状况、人员分布、生产进度、安全环境等信息,辅助应急救援指挥决策。并提供了水灾水平面分析、有毒气体扩散模拟、爆炸冲击波扩散模拟等工具。

（1）水灾水平面分析

水灾水平面分析可以在三维场景中给出一个动态高度的水平面,实时给出处于水平面之上和水平面之下的巷道,为矿井透水事故提供模拟分析工具,为预案管理和救灾指挥提供迅速、直观的决策支持,如图 14-24 所示。

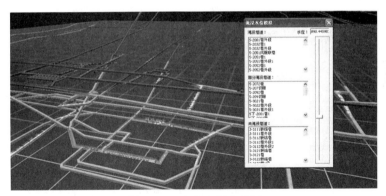

图 14-24　水灾水平面分析

（2）有毒气体扩散模拟

有毒气体扩散模拟可以模拟在矿井发生事故时,有毒气体在巷道中扩散的过程。系统能根据当前的通风系统状态,自动分析计算会受到污染的巷道,为救灾方案的制定提供迅速、直观的决策支持,如图 14-25 所示。

（3）爆炸冲击波扩散模拟

爆炸冲击波扩散模拟可以模拟在矿井发生事故时,冲击波沿巷道扩散的过程,可以设置冲击波的速度和最大影响距离,如图 14-26 所示。

图 14-25　有毒气体扩散模拟

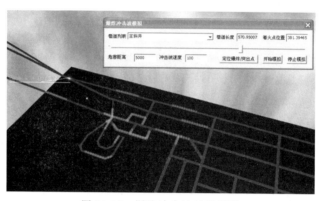

图 14-26　爆炸冲击波扩散模拟

14.2.13　视频查询

系统集成了工业视频,能够在场景和列表中查询实时视频,如图 14-27 所示。

图 14-27　视频查询

14.2.14　通信集成

系统集成了通信功能,能在系统中随时调用电话和广播功能,方便地进行通信联络,如图 14-28 所示。

图 14-28　通信集成

14.2.15　系统远程控制

系统具备远程控制功能。对远程控制操作,具有额外加强的权限要求,以保证控制的安全,如图 14-29 所示。

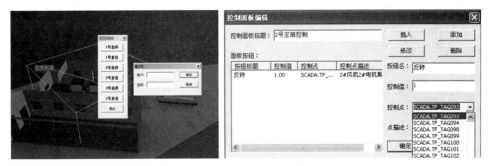

图 14-29　系统远程控制

14.2.16　区域查询(三维空间分析)

根据矿山用户需求,实现了集中的区域查询控制工具。使用该工具,用户可以任意地选择地点,把地点周边指定范围内,用户最关心的视频、通信、瓦斯及其他环境监测、人员及设备分布等情况,按照空间关系搜索出来,并集中呈现在查询控制面板中,进行集中查看和操作,极大地方便了生产和应急指挥所需。用户还可以把常用的地点和查询结果保存在列表中,随时调用,三维空间分析如图 14-30 所示。

图 14-30　三维空间分析

14.3　三维系统平台的特点

为更好地起到辅助矿山安全生产和管理的作用,根据店坪矿用户需求,三维数字化矿山系统具有系统集成、辅助现场生产联动指挥、应急救援及灾害模拟并实现远程控制以提供减员增效支持等几方面的突出功能和特色。

（1）高度的平台集成性

三维系统是一个理想的系统集成平台,可以将各种矿井安全、生产信息集成到这个平台上,包括各种系统。

将矿山现有的安全监测、人员定位、产量监测、调度电话、广播、工业视频、供电、排水、通风、压风、水文、束管、矿压监测等子系统,已全部集成到三维数字化平台中,并为后续子系统建设预留了充足的接口。

集成后信息的查询、系统的操作,以及指挥效率得到了大幅提高,其效应远不是各子系统简单的相加和堆砌,而是乘数效应,各子系统从一个个信息孤岛,融合为信息化协同的一部分。

（2）方便的全局及区域查询

全局查询:在整个场景中,可显示所有的瓦斯传感器、所有的摄像头、所有的人员在整个矿井中的布局、分布及其具体的位置和实时数据。比如假设某个瓦斯传感器报警或数据异常,系统可以快速选择到具体的传感器,并了解其周边的情况。

区域查询:根据店坪煤矿需求,实现了集中的区域查询。比如以某瓦斯传感器为中心,设定范围内的所有设备、传感器、视频、通信等信息集中呈现在界面上,极大地方便了生产和应急指挥所需。

（3）自动更新及自动绑定（实时系统维护性好）

动态模型和数据的自动更新、安全监测、人员定位系统等实时监测系统的模型数据等实现了三维场景的同步自动更新。当实际的传感器发生增减，系统能够自动在场景中实现增减，不需要人工更新和绑定，解决了行业内同类三维系统监测信息更新维护量繁重、重复工作、更新不及时的顽疾。

（4）远程控制及减员增效

通过系统联动可以实现中央泵房、压风机房等工作地点的远程控制，具备了无人值守条件。

（5）辅助救援指挥及应急预案编制

在整个场景中，可显示全部的矿井通风状态图，显示风流方向；显示避灾路线、避爆炸路线；查看避险硐室周边的瓦斯分布、人员分布、视频和通信情况，通过通信和广播进行指挥救援。

① 水淹分析：水灾发生时，人们的逃生路线，要选择位置较高的巷道，系统可以很清晰地显示出受水威胁的巷道，以及完全在水位之上的巷道。为我们的应急预案编制和救援指挥提供辅助工具。

② 有毒气体扩散模拟：当发生火灾时，会产生烟雾及有毒有害气体。系统可以查看，有毒气体的扩散路径，进行模拟分析。

（6）具备"所见即所得"的强大三维编辑功能

用户可以直接在三维场景中交互编辑场景对象，以及采用参数化方式创建和编辑煤岩层、巷道、回采工作面、掘进工作面、管道、水位传感器等各类对象。

（7）支持随矿井生产状态动态变化

矿井生产最大的特点就是井下生产场地处于不断迁移的过程中，系统能够动态适应这种变化，可以迁移设备、搬工作面，动态更新煤岩层模型等。

（8）辅助现场生产联动指挥

可调出皮带沿线全部视频。皮带的动画、皮带的属性信息及真实工作状态都与井下实际情况一致。

可调出区域查询界面进行视频查看、电话通话、查看设备状态、位置以及其人员信息等。起到辅助现场生产联动指挥的作用。

（9）支持超大规模场景

三维系统可容纳成千上万的矿井对象，包括建筑设施、设备、管线、人员、巷道、地质体、地形、植被等。从而具有模拟或仿真各种矿井安全生产环节的能力，为矿山安全、生产及数字化矿山打造了一个良好的平台。

（10）极佳的显示效果

系统支持实时渲染、动态纹理、环境贴图、粒子系统、对象变换动画、骨骼蒙皮动画等许多三维显示技术，还为各种设备预先提供了丰富的动画效果，因此，能够提供极具真实感的三维显示效果。

（11）操作简单

系统解决了传统三维系统交互能力差，操作复杂的问题。绝大多数操作都能通过简单的步骤完成，使用户易于学习，易于使用。

（12）系统的自含性好

用户无须另外购买第三方的软件，可以随意安装，不受安装数量和连接数量的限制，客户总体拥有成本低，使用方便。

附　录

附录1　煤炭矿山技术创新调查问卷

您好：

非常感谢您在百忙中完成此调查问卷，本问卷旨在了解贵绿色煤炭矿山技术创新影响因素，请您根据个人经验和认识填写。谢谢合作。

填写人姓名：_____

填写人所在单位：_____

一、企业情况

项目	数量	单位
2011 年煤炭产量		万吨
2011 年煤炭销量		万吨
2011 年收入		元
2011 年利润		元
2011 年成本		元
2012 年煤炭产量		万吨
2012 年煤炭销量		万吨
2012 年收入		元
2012 年利润		元
2012 年成本		元

二、人员结构

（一）从业人员数	数值	单位
年末从业人员数（2011 年年末）		人
其中：当年吸纳高校应届毕业生		人
（二）从业人员构成	—	—
按学历分	—	—

研究生		人
其中:博士		人
硕士		人
本科学历人员		人
大专		人
中专		人
按技术职称分	—	—
高级		人
中级		人
按工作性质进行分类	—	—
行政管理类		人
技术类		人
生产类		人

三、科研资金情况

(一)国家省市政府对贵公司技术创新资金/企业总产值	数值	单位
2008 年度		%
2009 年度		%
2010 年度		%
2011 年度		%
2012 年度		%
(二)本企业用于矿山技术创新资金/企业总产值	—	—
2008 年度		%
2009 年度		%
2010 年度		%
2011 年度		%
2012 年度		%

四、科研平台情况

省部级以上科研平台数		个
其中:与院校合作科研平台数		个
企业自主研发平台数		个

五、矿山技术情况

(一)煤技术创新平均周期	数量	单位
新技术更新次数		次/5 年
旧技术改善次数		次/5 年

(二)目前采用的典型技术	名称	来源	采用技术的效果
煤炭开采方面			
煤炭加工方面			
土地复垦方面			
节能减排方面			
环境保护方面			
综合利用方面			
煤矿安全方面			

说明:1.技术来源请从以下四个方面选择:①完全引进;②引进后二次创新;③完全自主;④与其他企业、科研院校合作。

2.典型技术可填写多项。

六、近 3 年形成自主知识产权情况

指 标 名 称	数值	单位
(一)授权专利情况(累积到统计日)	—	—
1.专利申请数		件
2.专利所有权转让及许可数		件
3.专利所有权转让及许可收入		万元
(二)专利产品销售情况	—	—
1.专利产品产值		万元
2.专利产品销售收入		万元
其中:出口		万美元
(三)其他情况	—	—
1.发表科技论文		篇
2.形成国家或行业标准		件
3.所获国家级科技奖励		项
4.所获省部级科技进步一等奖		项
5.所获省部级科技进步二等奖		项
6.所获省部级科技进步三等奖		项

七、影响绿色煤矿山技术创新的因素

（一）外部影响因素重要程度评判。（在选择项打√）

1. 煤炭行业竞争程度：非常大、较大、一般、无影响

2. 煤炭行业技术进入壁垒（如煤炭安全生产许可证制度）：非常大、较大、一般、无影响

3. 煤炭行业整体技术水平及创新氛围：非常大、较大、一般、无影响

4. 政府支持与推动：非常大、较大、一般、无影响

5. 金融机构资金支持：非常大、较大、一般、无影响

6. 行业技术研发能力（包括大专院校、科研院所、科技企业）：非常大、较大、一般、无影响

7. 法律法规落实与监管执行力度：非常大、较大、一般、无影响

8. 您认为其他影响煤炭矿山技术创新活动（包括绿色煤炭矿山建设）的外部因素还有哪些？

_____

（二）内部影响因素重要程度评判。（在选择项打√）

1. 技术创新资金投入水平：非常大、较大、一般、无影响

2. 企业内部科技人才数量（学历、职称）：非常大、较大、一般、无影响

3. 企业内部技术创新组织及管理机制：非常大、较大、一般、无影响

4. 员工薪酬水平：非常大、较大、一般、无影响

5. 企业家技术创新重视程度：非常大、较大、一般、无影响

6. 企业创新文化：非常大、较大、一般、无影响

7. 员工学习与培训：非常大、较大、一般、无影响

8. 企业规模与整体实力：非常大、较大、一般、无影响

9. 你认为其他影响煤炭矿山技术创新活动（包括煤炭矿山绿色技术创新活动）的内部因素还有哪些？

_____

八、您认为当前煤炭矿山鼓励发展的设备、工艺技术有哪些？

_____

_____

九、您认为当前煤炭矿山应该限制发展的设备、工艺技术有哪些？

_____

_____

十、您认为当前煤炭矿山应该淘汰的设备、工艺技术有哪些？

_____

附录2　绿色矿山技术创新能力调查问卷

各项指标	备注	企业实际值
A_{11} 年利税额（万元）	年利税总额	
A_{12} 参与科技活动人数（人）	技术管理及科研人员总数中级职称以上	
A_{21} 科技创新投入强度（%）	年科研经费/销售总收入	
A_{22} 环境与生态治理投入强度（%）	年环境治理费用/销售收入	
A_{23} 员工学习培训支出强度（%）	年学习培训支出/销售总收入	
A_{31} 标准与专利数量（项）	年国家级标准及专利数量	
A_{32} 科技奖励数量（项）	年省部级以上奖励数	
A_{33} 技术创新收益（万元）	年技术输出转让费/技术创新新增产值	
A_{41} 外部科研经费比例（%）	年外部科研经费/科研经费	
A_{42} 所在地科技活动经费占 GDP 比例（%）	年所在地（县级）科技支出经费/GDP	

感谢您的参与！祝您身体健康、工作顺利！

附录3　样本煤矿企业技术创新能力评价指标数据

训练样本数据（11 家）

（研究初期使用的指标体系＋11 家样本煤矿企业技术创新能力评价指标数据）

指标	11 家样本煤矿企业技术创新能力评价指标数据										
	1	2	3	4	5	6	7	8	9	10	11
A_{11} 产值利税率（%）	4.99	7.06	9.38	14.07	13.98	11.78	14.18	16.3	15.96	14.5	14.8
A_{12} 参与科技活动人员数（人）	175	215	241	215	207	204	167	169	189	192	268
A_{21} 科技创新投入强度（%）	0.94	0.93	0.87	1.43	1.7	1.58	2.14	2.08	2.33	1.59	1.62
A_{22} 环境与生态治理投入强度（%）	2.8	3.6	4.3	4.3	4.5	4.7	4.2	4.4	4.5	4.6	5.5
A_{23} 员工学习培训支出强度（%）	0.19	0.14	0.16	0.3	0.15	0.16	0.18	0.32	0.15	0.15	0.12
A_{31} 标准与专利数量（项）	10	17	17	16	23	20	28	44	31	45	63
A_{32} 科技奖励数量（项）	6	13	15	8	10	12	15	19	9	11	23
A_{33} 技术创新收益（万元）	12.78	14.33	12.87	18.5	15.78	14.85	18.5	21.28	16.54	16.22	15.3
A_{41} 外部科研经费比例（%）	5.46	4.13	5.48	4.48	3.07	3.59	2.8	5.24	1.89	2.58	1.99
A_{42} 科技活动经费占 GDP 比例	0.27	0.28	0.27	0.46	0.6	0.52	0.77	0.76	0.93	0.68	0.74

指标	11家样本煤矿企业技术创新能力评价指标标准化处理后的数据										
	1	2	3	4	5	6	7	8	9	10	11
A_{11} 产值利税率	0.100	0.246	0.411	0.742	0.736	0.580	0.750	0.900	0.876	0.777	0.794
A_{12} 参与科技活动人员数	0.163	0.480	0.686	0.480	0.417	0.393	0.100	0.116	0.274	0.298	0.900
A_{21} 科技创新投入强度	0.138	0.133	0.100	0.407	0.555	0.489	0.796	0.752	0.900	0.495	0.511
A_{22} 环境与生态治理投入强度	0.100	0.337	0.544	0.544	0.604	0.663	0.515	0.574	0.604	0.633	0.900
A_{23} 员工学习培训支出强度	0.380	0.180	0.260	0.820	0.220	0.260	0.340	0.900	0.220	0.220	0.100
A_{31} 标准与专利数量	0.100	0.206	0.206	0.191	0.296	0.251	0.372	0.613	0.417	0.628	0.900
A_{32} 科技奖励数量	0.100	0.429	0.524	0.194	0.288	0.382	0.524	0.712	0.241	0.335	0.900
A_{33} 技术创新收益	0.100	0.246	0.108	0.638	0.382	0.295	0.638	0.900	0.454	0.424	0.337
A_{41} 外部科研经费比例	0.896	0.599	0.900	0.677	0.363	0.479	0.303	0.847	0.100	0.254	0.112
A_{42} 科技活动经费占 GDP 比例	0.100	0.112	0.100	0.330	0.500	0.403	0.706	0.694	0.900	0.597	0.670

测试样本数据(5家)

指标	5家样本煤矿企业技创新能力评价指标数据				
	1	2	3	4	5
A_{11} 产值利税率(%)	5.18	6.16	8.38	12.07	11.18
A_{12} 参与科技活动人员数(人)	185	125	341	205	107
A_{21} 科技创新投入强度(%)	0.84	0.63	1.87	1.13	1.23
A_{22} 环境与生态治理投入强度(%)	5.8	4.6	3.3	4.4	5.51
A_{23} 员工学习培训支出强度(%)	0.21	0.14	0.26	0.41	0.25
A_{31} 标准与专利数量(项)	16	11	18	26	27
A_{32} 科技奖励数量(项)	7	17	14	3	9
A_{33} 技术创新收益(万元)	10.62	11.13	12.77	17.5	14.78
A_{41} 外部科研经费比例(%)	6.46	5.13	4.48	4.38	2.07
A_{42} 科技活动经费占 GDP 比例	0.29	0.18	0.37	0.56	0.16

参 考 文 献

[1] Markard J，Truffer B. Technological innovation systems and the multi-level perspective：Towards an integrated framework[J]. Research Policy，2008,37:596-615.

[2] Lin B W. Chela J S.Corporate technology portfolios and R&D performance measures：a study ofteclmology intensive films[J].R&D Management,2005,35(2):157-170.

[3] 刘海云.企业技术创新能力评价指标体系建设研究[J].经济与管理,2010,5(1):2-3.

[4] 吴振德,宋彧.大型煤炭企业技术创新能力评价方法及应用[J].经济研究导刊,2008,4(2):5-10.

[5] 孙丽杰.刘希宋.我国企业技术创新能力评价研究[J].生产力研究,2008,21(4):5-6.

[6] 马锐.人工神经网络原理[M].北京:机械工业出版社,2010:30-40.

[7] 余有明,刘玉树,阎光伟.遗传算法的编码理论与应用[J].计算机应用.2006,5(3):10-15.

[8] Koskinen K, Vanharanta H. The role of tacit knowledge ininnovation processes of small technology companies, Int.J.ProductionEconomies,2002,80:57-64.

[9] 程晓娟,全春光.基于 DEA 的煤炭行业上市公司经营效率评价[J].矿业工程研究,2010,25(1):73-76.

[10] 王克强,彭攀.关于煤炭企业实施绿色技术创新战略的思考[J].湖北社会科学,2007(8):93-94.

[11] 彭攀,王克强.论我国煤炭企业的绿色技术创新[J].武汉理工大学学报,2010,32(4):53-55.

[12] 张朝丹.煤炭产业绿色技术创新分析[D].天津:天津大学,2008.

[13] 张梦岩.基于官产学三重螺旋模型煤炭产业技术创新探讨[J].煤炭经济研究,2011,31(4):15-17.

[14] 郝大庆,王锋正,郭晓川.内蒙古煤炭产业技术创新路径选择[J].科学管理研究,2007,25(1):16-19.

[15] 刘雪琦.我国煤炭企业技术创新的突破模式研究[J].生产力研究,2012(11):211-212.

[16] 吴振德,宋彧.大型煤炭企业技术创新能力评价方法及应用[J].经济研究导刊,2008(17):32-33.

[17] 彭蓬.基于神经网络的煤炭企业技术创新能力评价及经济学分析[J].煤矿现代化,2008(06):4-5.

[18] 张昕,马紫微.煤炭企业技术创新绩效评价[J].商业研究,2012(8):85-89.

[19] 段永瑞.数据包络分析—理论和应用[M].上海:上海科学普及出版社,2006:4-12.

[20] 魏权龄.评价相对有效性的 DEA 方法——运筹学的新领域[M].北京:中国人民大学出版社,1988:12-23.

[21] 胡锦涛.国共产党第十八次全国代表大会报告,2012.11.

[22] 国土资源部.关于贯彻落实全国矿产资源规划发展绿色矿业建设绿色矿山工作的指导意见(国土资发〔2010〕119号),2010.8.

[23] 国土资源部.关于首批国家级绿色矿山试点单位名单公告(2011年第14号),2011.3.

[24] 秦季冬.基于AHP和BP神经网络的广西大中型工业企业技术创新能力评价研究[D].广西大学硕士学位论文.2010.6.

[25] 傅家骥,姜彦福,雷家骕.我国煤炭企业技术创新特点和对策研究[J].中国煤炭经济学院学报,1992,76(23):98-101.

[26] 柳卸林.企业技术创新的演化分析框架[J].技术管理研究,1993,59(12):42-44.

[27] 贾蔚.煤炭企业技术创新效果评价方法研究[J].中国煤炭,1998,7(19):53-56.

[28] 许庆瑞.能源企业技术创新能力及其评价指标体系构建[J].中国质量报,2000(12):78-79.

[29] 史世鹏.江西中小企业物流模式创新研究[J].企业经济,2003(11):103-105.

[30] 马胜杰.企业技术创新能力及其评价指标体系[J].数量经济技术经济研究.2002,77(9):125-127.

[31] 孙冰,吴勇.地区自主创新能力评价指标体系的构建——以大中型工业企业为实例的研究[J].科技与经济,2006(4):44-47.

[32] 王惠,康璞.企业技术创新能力评价指标体系设计研究[J].统计与信息论坛,2008(5):74-76.

[33] 梅强,范茜.基于BP神经网络的高新技术企业自主创新能力评价研究[J].科技管理研究,2011(21):64-66.

[34] 刘勇.绿色技术创新与传统意义技术创新辨析[J].工业技术经济,2011(20):37-39.

[35] 李杰中.基于PFI理论的企业绿色技术创新激励机制构建[J].产业与科技论坛,2011(15):29-31.

[36] 陈守强.绿色技术创新对产业结构升级作用机理探析[J].黑龙江对外经贸,2011(8):91-93.

[37] 惠岭功.我国煤矿充填开采技术现状与发展[J].煤炭工程,2010(2):32-35.

[38] 吕鹏飞,郭军.我国煤矿数字化矿山发展现状及关键技术探讨[J].工矿自动化,2009(9):49-51.

[39] 孙继平.煤矿安全生产监控与通信技术[J].煤炭学报,2010(11):72-75.

[40] 康红普,王金华,林健.煤矿巷道支护技术的研究与应用[J].煤炭学报,2010(11):92-95.

[41] 王虹.我国煤矿巷道掘进技术和装备的现状与发展[J].煤炭科学技术,2010(1):53-56.

[42] 王虹,黄华城.煤巷掘进设备发展状况与对策[J].煤炭科学技术,1994,25(2):8-11.

[43] 凌建斌.我国发展短壁机械化开采技术的必要性分析[J].科技情报开发与经济,2007,17(29):210-211.

[44] 煤炭科学研究总院.现代煤炭科学技术理论与实践[M].北京:煤炭工业出版社,2007:229-247.

[45] 孔令夷.国产煤矿机械发展状况与趋势研究[J].煤矿机械,2011,32(3):13-15.

[46] 李贵轩,李新国.振兴我国煤矿机械的机遇和挑战[J].中国煤炭,2003(2):8-10.

[47] 钱鸣高.煤炭产业特点与科学发展[J].中国煤炭,2006(11):5-8.

[48] 石寅强.浅析我国煤矿开采技术的发展趋势[J].中国科技投资,2011(25):67-69.

[49] 简焴祥,李云飞,杨永均.煤矿保水开采技术现状及其发展[J].煤田地质与勘探,2012,40(1):47-49.

[50] 钱鸣高,许家林,缪协兴.煤矿绿色开采技术[J].中国矿业大学学报,2003,32(4):343-347.

[51] 徐睿,谢亚涛,周坤.煤炭绿色保水开采[J].矿业快报,2008(6):32-33.

[52] 钱鸣高,石平五.矿山压力与岩层控制[M].徐州:中国矿业大学出版社,2003:78-177.

[53] 缪协兴,刘卫群,陈占清.采动岩体渗流理论[M].北京:科学出版社,2004:121-130.

[54] 彭毅.煤炭企业技术创新管理初探[J].中国煤炭,2008(4):61-63.

[55] 袁清和,任一鑫,王新华.煤炭产业与煤炭城市协同发展研究[J].矿业研究与开发,2007,27(3):84-86.

[56] 崔占峰.经济增长中技术进步因子分离测算研究[J].重庆社会科学,2005,(1):16-20.

[57] 王其藩.系统动力学[M].北京:清华大学出版社,1994:31-79.

[58] 王振江.系统动力学引论[M].上海:上海科学技术文献出版社,1988:52-77.

[59] 王其藩.复杂大系统综合动态分析与模型体系[J].管理科学学报,1999(6):13-15.

[60] 秀彬.基于系统动力学的中国石油进出口海运量研究[D].大连:大连海事大学,2003.

[61] 黄贤凤.江苏省经济—资源—环境协调发展系统动态仿真研究[D]南京:江苏大学,2005.

[62] 魏权龄.评价相对有效性的DEA方法-运筹学的新领域[M].北京:中国人民大学出版社,1988:22-51.

[63] 盛昭瀚,朱乔,吴广谋.DEA理论、方法与应用[M].北京:科学出版社,1996:78-101.

[64] 段永瑞.数据包络分析—理论和应用[M].上海:上海科学普及出版社,2006:56-98.

[65] 李喜梅.大中型工业企业技术创新能力评价研究[D].河南:河南农业大学,2011.

[66] Coelli T J , Rao D S P, Donnell C J,et al.An Introduction to Efficiency and Productivity Analysis[M].China Renmin University Press,2002:297-306.

[67] Kulshreshtha M, Jyoti K.Parikh.Study of Efficiency and Productivity Growth in Opencast and Underground Coal Mining in India: a DEA Analysis[J].Energy Economincs,2002(24):439-453.

[68] 陈光.四川优势产业技术创新现状、问题与对策[C].辽宁:第二届中国科技政策与管理学术研讨会暨科学学与科学计量学国际学术论坛论文集,2006:131-135.

[69] 刘小真,麻智辉,李志萌.江西企业技术创新现状、问题与对策[J].企业经济,2009(11):58-59.

[70] 曾繁华,杨明东.武汉国有大中型企业科技创新能力研究[J].贵州师范大学学报,2009(4):98-100.

[71] 刘超.基于因子分析法的辽宁省技术创新能力评价研究[D].吉林大学硕士学位论文.2009.5.

[72] 王秀义.山西省技术创新能力评价研究[D].太原理工大学硕士学位论文.2012.6.

[73] 史晓燕.企业技术创新能力指标体系设置及综合评价[J].陕西经贸学院学报,1999(2):37-41.

[74] 周毓萍.企业技术创新能力的神经网络检验分析[J].技术创新,2000(6):62-63.

[75] 陈晓慧.企业技术创新能力的模糊综合评价[J].科技进步与对策,2002(5):127-129.

[76] 魏末梅,陈义华.基于ANP的企业技术创新能力评价体系研究[J].科技管理研究,2006(4):59-61.

[77] 梅小安,彭俊武.评价企业技术创新能力的弱势指标倍数法[J].科技进步与对策,2001(2):134-136.

[78] 钱燕云.企业技术创新效率和有效性的DEA综合评价研究[J].科技与管理,2004(1):106-108.

[79] 张凌,刘井建.基于DEA的工业企业技术创新能力的综合评价[J].科技导报,2005.

[80] 李守伟.技术创新能力的数据包络分析与实证研究[J].科技进步与对策,2010(1):119-124.

[81] 薛立,曲世友.二次相对评价法在企业技术创新能力中的应用[J].科技与管理,2003(4):53-55.

[82] 夏维力,吕晓强.基于BP神经网络的企业技术创新能力评价及应用研究[J],研究与发展管理,2005(1):50-54.

[83] 冯岑明,方德英.多指标综合评价的神经网络方法[J].现代管理科学,2006(3):61-62.

[84] 孔令丛,谢家平.运用灰色系统评估原理综合测评企业的创新能力[J].经济管理.新管理,2002(2):54-57.

[85] 吴永林,高洪深,等.企业技术创新能力的多级模糊综合评价[J].企业技术创新能力的多级模糊综合评价,2002(3):53-56.

[86] 孙细明,杨娟,等.企业技术创新能力的三级模糊评价[J].武汉化工学院学报,2003(3):85-87.

[87] 姜炳麟,谢廷宇.技术创新能力评价指标体系及其多级模糊评价方法[J].商业研究,2004(302):77-79.

[88] 柳飞红,傅利平.基于FAHP的企业技术创新能力评价指标权重的确定[J].统计与信息论坛,2009(2):24-28.

[89] 陆菊春,韩国文.企业技术创新能力评价的密切执法模型.科研管理[J].2002(1):54-57.

[90] 彭本红,孙绍荣,等.知识经济条件下的企业技术创新能力评价.评价与预测[J],2004,9:47-48.

[91] 常玉,刘显东.层次分析、模糊评价在企业技术创新能力评估中的应用.科技进步与对策[J],2002,9:125-127.

[92] 白彦壮,赵广杰,等.企业技术创新能力灰色综合评价.天津大学学报[J],2006,6:288-291.

[93] 李政,周伦.基于AHP的企业技术创新能力的灰色关联综合评价方法[J].华东经济管理,2008(9):106-109.

[94] 郑成功,朱祖平.企业技术创新能力综合评价体系及实证.科技管理研究[J],2007(4):75-77.

[95] 冯岑明,方德英.企业技术创新能力的综合评价方法研究[J].经济与管理,2006(5):31,33.

[96] 吴振德,宋彧.大型煤炭企业技术创新能力评价方法及应用[J].经济研究导刊,2008
      (17):1-2.

[97] 吕晓强.基于BP神经网络的企业技术创新能力评价及应用研究[D].西北工业大学硕士
      学位论文,2004:23-67.

[98] 刘鹏.广西有色金属产业技术创新能力评价研究[D].广西大学硕士学位论文.2010.

[99] Chaminade C, Edquist C. From Theory to Practice: The Use of Systems of Innovation
      Approach in Innovation Policy[M]. Lund: Lund University, 2005.

[100] Klein W R, Lankhuizen M, Gilsing V. A system failure framework for innovation policy
      design[J]. Technovation , 2005,25:609-619.

[101] Markard J, Truffer B. Technological innovation systems and the multi-level perspective:
      Towards an integrated framework[J]. Research Policy, 2008,37:596-615.

[102] 王振拴,袁绪忠.煤炭企业技术创新评价指标体系研究[J].煤炭经济研究,1999(6):1-5.

[103] 吴洪涛.我国煤炭产业技术创新系统演化及功能分析[D].河北工业大学硕士学位论
      文,2008:34-57.

[104] 田野.基于模糊神经网络法的煤炭企业绩效评价系统[D].太原理工大学硕士学位论文.
      2008:18-36.

[105] 马锐.人工神经网络原理[M].北京:机械工业出版社,2010:30-40.

[106] 韩力群.人工神经网络理论、设计及应用[M].北京:化学工业出版社,2007:105-110.

[107] 阎平凡,张长水. 人工神经网络与模拟进化计算[M]. 北京:清华大学出版社.2005:
      60-87.

[108] 玄光男,程润伟. 遗传算法与工程优化[M]. 北京:清华大学出版社. 2004:97-110.

[109] 徐丽娜.神经网络控制[M].北京:电子工业出版社,2009:12-34.

[110] Jacobsson S, Sanden B, Bangens L. Transforming the energy system-the Evolution of
      the German Technological System for solar cells[J]. Technology Analysis & Strategi
      Management,2004,16:3-30.

[111] Hagan M T, Demuth H B, Beale M H. 神经网络设计[M].北京:机械工业出版社.
      2005:34-56.

[112] Sureshchandar G, Leisten R.A framework for evaluating the criticality of Software metrics:
      an analytichierarchy process(AHP) approach [J].Measuring Business Excellence,2006,4:
      22-23.

[113] Garuti C,Sandoval M.THE AHP:A MULTICRITERIA DECISION MAKING METH
      ODOLOGY FOR SHIFT WORK PRIORITIZING[J].Journal of systems science and
      systems engineering,2006,15:189-200.

[114] 穆阿华,周绍磊,等. 利用遗传算法改进BP学习算法[J]. 计算机仿真. 2005,22(2):
      150-151.

[115] 蔡兵.BP神经网络隐层结构的设计方法[J]. 通化师范学院学报. 2007,28(2):
      18-19.

[116] 陈燕.数据挖掘技术与应用.北京:清华大学出版社,2010.

[117] Tan P N ,Steinbach M,Vipin Kumar.数据挖掘导论.范明,范宏建 ,译.北京:人民邮电出版社,2011.

[118] 梁循.数据挖掘算法与应用.北京:北京大学出版社,2006.

[119] Jiawei Han,Micheline Kamber.数据挖掘概念与技术.范明,等译.北京:机械工业出版社,2001.

[120] 陈文伟,黄金才,赵新昱.数据挖掘技术.北京:北京工业大学出版社,2002.

[121] Hand D,Mannila H,Smyth P.数据挖掘原理.张银奎,廖丽,宋俊,等译.北京:机械工业出版社,2006.

[122] 陈京民.数据仓库与数据挖掘技术.北京:电子工业出版社,2007.

[123] 唐晓东.基于数据仓库的数据挖掘技术.北京:机械工业出版社,2004.

[124] Miller H J, Han J. Geographic Data Mining and Knowledge Discovery. London:Taylor and Francis,2011.

[125] Calvanese D, Dragone L, Nardi D, et al, Enterprise modeling and Data Warehousing in Telecom Italia. Information System,2006.

[126] Kaufman L,Rousseeuw P J. Finding Groups in Data:An Introduction to Cluster Analysis. Canada:Wiley, 1993.

[127] JamesBirnie, Alan Yates. Cost prediction using decision/risk analysis methodologies[J]. Construction Management and Economics, 1991.

[128] Huang Z. Extensions to the k-means algorithm for clustering large data set with categorical values.Data Mining and Knowledge Discovery,1988.

[129] Han J, Cheng X,Xin D, Yan X. Frequent Pattern Mining:current status and future directions [J]. Data Mining & Knowledge Discovery,2007.

[130] Wang H, Fan W, Yu P,et al. Mining concept-drifting data streams using ensemble classifiers [C]//Proceedings of the 9th ACM SIGKDD International conference on Knowledge Discovery and Data Mining. Washington, DC:ACM Press, 2003.

[131] Han W S, Lee J. Ranked Subsequence Matching in time-Series Databases ,Proceedings of the 33rd ACM VLDB International Conference on Very Large Data Bases. Vienna:ACM Press, 2007.

[132] Han J, Kamber M. Data Mining:Concept & Techniques [M]. Morgan Kaufmann Publishers. 2001.

[133] Francis E H. A modified Chiz algorithm for discretization [J]. IEEETrans. On knowledge and data engineering. 2002.

[134] Fayyad U, Haussler D, Stolorz P. KDD for Science Data Analysis:Issues and Examples [C]. Proceedings of the 2nd International Conference on Knowledge Discovery and Data Mining (KDD96). AAAI Press, 1996.

[135] NUNez M. The Use of Background Knowledge in Decision Tree Induction. Machine Leaning. 1991.

[136] Jason K，Levy K T. Group decision support forhazards planning and emergency management：agroup analytic network process（GANP）approach[J]. Mathematical and Computer Modelling，2007，46：901-917.

[137] Chung S T，Kim K I. Case Studies of Chemical Inci-dents and Emergency Information Service in Korea[J].Journal ofLoss Prevention in the Process Industries，2009，Volume 22（Issue 4）：Pages 361-366.

[138] Chung S T，Kim K I. Case Studies of Chemical Inci-dents and Emergency Information Service in Korea[J].Journal ofLoss Prevention in the Process Industries，2009，22（4）：361-366.

[139] Grant R M. Toward a knowledge-based theory of the firm[J]. Strategic Management Journal，1996（17）：19-23.

[140] 熊彼特.经济发展理论[M].北京：商务印书馆，1999：88-92.

[141] Towards R R. The Fifth-generation Innovation Process[M]. International Marketing Review，1994：311-320.

[142] Frankling J，Carter J R. Technological Innovations：a Framework for Communicating Diffusion Effects[J].Information & Management，2001，22（17）：37-38.

[143] 曼斯·费尔德.产业经济学[M].北京：科学技术出版社，1982：55-67.

[144] Phillip H. Phan，The odore Peridis. Knowledge Creation in Strategic Alliances：Another Look at Organizational Learning[J]. Asia Pacific Journal of Management，2000，17（2）：1138-1143.

[145] Tsang E W K. Organizational Learning and the Learning Organization：A Dichotomy Between Descriptive and Prescriptive Research[J]. Human Relations，1997，50（1）：331-337.

[146] Jantunen A，Puumalainen K，Saarenketo S，et al. Entrepreneurial Orientation，Dynamic Capabilities and International Performance[J]. Journal of International Entrepreneurship，2005，3（3）：1218-1223.

[147] Garfield E，Dorof A W. Of Nobel class：A citation perspective on high impact research authors[J]. Theoretical Medicine，1992，13（2）：661-667.

[148] Valid Ⅲ，Edmond F. Knowledge Mapping：Getting Started with Knowledg Management [J]. Information Systems Management，Fall，16-23.

[149] Rose A，Mor A. Economic incentives for clean coal technology deployment[J]. Energy Policy，1993，21（6）：668-678.

[150] Mallah S，Bansal N K. Nuclear and clean technology options for sustainable development in India[J].Energy，2010，35（7）：3031-3093.

[151] Franco A，Diaz A R. The future challenges for "clean coal technologies"：Joining efficiency increase and pollutant emission control[J].Energy，2009，34（3）：348-354.

[152] Robbinssp，Coulterm，Langtonn. Fundamentalsofman-agement[M].Fifth Canadian Editon.New Jersey：PrenticeHal，2004：12-16.

［153］　Malizia A，Onorati T，Diaz P，et al. An Ontology for e-mergency notification systems accessibility［J］.ExpertSystems with Applications，2010，(37)：3380-3391.

［154］　Jason K，Levy K T. Group decision support forhazards planning and emergency management：agroup analytic network process(GANP)approach［J］.Mathematical and Computer Modelling，2007，46：901-917.

［155］　Coelli T J，Rao D S P. Donnell C J，et al.Battese. An Introduction to Efficiency and Productivity Analysis［M］.China Renmin University Press，2002：297-306.

［156］　Rothwell，Zegveld R W. Reindustrialization and technology［M］. Harlow，U.K.：Longman，1985：69-88.

［157］　赵学军，李育珍，武文斌.BP 神经网络改进 TSVM 的矿产资源评价模型研究［J］.矿业科学学报，2016(2)：90-97.

［158］　康恩铨，王军. 基于 BIM 的智慧矿山工程安全技术研究［J］.北大核心，2021(4).

［159］　王忠鑫，乔鑫，徐自强，等. 基于 BIM 的智慧露天矿工程信息分类与编码标准研究［J］. 北大核心，2021，53(4).

［160］　陈梓华，马占元，李敬兆. 基于 RNN 的煤矿安全隐患信息关键语义智能提取系统［J］. 北大核心，2021，53(3).

［161］　陈永良，伍伟. 极限学习机回归与分类算法及其在矿产预测中的应用［C］// 第十五届全国数学地质与地学信息学术研讨会论文集. 2016.

［162］　孙春升，宋晓波，弓海军.煤矿智慧矿山建设策略研究［J］. 北大核心，2021，53(2).

［163］　李群，刘同冈，张弛，等. 煤矿机械磨损工况铁谱综合分析方法研究.煤炭技术报，2017.3.

［164］　曹萍，陈福集.基于 ANP 理论的企业技术创新能力评价模型［J］.科学学与科学技术管理，2010，31(2)：67-71，176.

［165］　张辉，高德利.基于模糊数学和灰色理论的多层次综合评价方法及其应用［J］.数学的实践与认识，2008(3)：1-6.

［166］　梁佩云. 基于改进 CRITIC-VIKOR 法的科技服务业服务创新能力评价研究［D］.合肥工业大学，2020.

［167］　李鸿禧，迟国泰.基于 DEA-t 检验的以企业为主体的科技创新效率评价［J］.中国管理科学，2016，24(11)：109-119.

［168］　张杰.基于灰色聚类的企业自主创新能力评价［J］.统计与决策，2007(12)：161-163.

［169］　冯岑明，方德英.基于 RBF 神经网络的区域科技创新能力的综合评价方法［J］.科技进步与对策，2007(10)：140-142.

［170］　王萍，刘思峰.基于 BSC 的高科技企业技术创新绩效评价研究［J］.商业研究，2008(9)：111-116.

［171］　卓志昊.基于主成分分析法(PCA)的广西各地市高新技术企业创新能力评价［J］.企业科技与发展，2021(01)：1-4，7.